Información legal

Autor y editor: M.Eng. Johannes Wild
A94689H39927F
E-Mail: 3dtech@gmx.de

Los datos completos del autor del libro se encuentran en las últimas páginas

Toda la información contenida en este libro ha sido recopilada y comprobada cuidadosamente según nuestro leal saber y entender. Sin embargo, el editor y el autor no garantizan la actualidad, corrección, integridad y calidad de la información proporcionada. Este libro tiene únicamente fines educativos y no constituye una recomendación de actuación. El uso de este libro y la puesta en práctica de la información contenida en el mismo se realiza expresamente por cuenta y riesgo del usuario. En particular, no se ofrece ninguna garantía o responsabilidad por daños de carácter material o inmaterial por parte del autor y del editor por el uso o no uso de la información contenida en este libro. Este libro no pretende ser completo ni estar libre de errores. Quedan excluidas las reclamaciones legales y las reclamaciones por daños y perjuicios. Los operadores de las respectivas páginas web son los únicos responsables del contenido de las páginas web impresas en este libro. El editor y el autor no tienen ninguna influencia en el diseño y el contenido de los sitios web de terceros. Por lo tanto, el editor y el autor se distancian de todo contenido externo. En el momento de la utilización, no había ningún contenido ilegal en los sitios web. Las marcas y nombres comunes citados en este libro son propiedad exclusiva del autor o del titular de los derechos respectivos.

Índice

Información legal 1

Índice 2

Capítulo 1 | Introducción 3

Capítulo 2 | Modelo 3D Proyecto 1: Lámpara de mesa 4

2.1 La pantalla 5

2.2 Base, varilla y montaje de la lámpara de mesa 14

Capítulo 3 | Modelo 3D Proyecto 2: Bicicleta 22

3.1 La rueda delantera de la bicicleta 23

3.2 La horquilla delantera de la bicicleta 38

3.3 Termina la rueda delantera y la rueda trasera de la bicicleta 41

3.4 Crea el cuadro de la bicicleta 45

3.5 Crea el manillar de la bicicleta 56

3.6 El pedalier y los pedales de la bicicleta 62

3.7 El sillín de la bicicleta 67

Capítulo 4 | Modelo 3D Proyecto 3: Reloj despertador retro 70

4.1 La carcasa del despertador 71

4.2 La esfera y las manecillas del despertador 74

4.3 Las campanas, el martillo y el despertador 85

4.4 Los pies y la parte trasera del despertador 90

Capítulo 5 | Modelo 3D Proyecto 4: Llanta 96

5.1 El cuerpo básico de la llanta 97

5.2 La parte interior de la llanta y el montaje 102

Palabras finales 112

Información sobre el autor / editor 115

Capítulo 1 | Introducción

¡Muchas gracias por elegir este libro!

Atención: Este libro es la continuación del libro "Proyectos CAD con Tinkercad | Modelos 3D Parte 1" (ISBN: 9783987421181), así como del libro básico "Tinkercad | Paso a Paso" (ISBN: 9783987420177). Cualquiera que no tenga conocimientos previos de "Tinkercad" debería trabajar primero con estos dos libros. Encontrarás más información en las últimas páginas de este libro. Por lo tanto, en este libro no se repiten los conceptos básicos del uso de "Tinkercad".

Si, por el contrario, ya has adquirido cierta experiencia en el uso de "Tinkercad" o ya tienes en casa los libros mencionados, ahora puedes esperar realizar más proyectos fantásticos. De este modo podrás seguir desarrollando tus habilidades en la construcción de modelos 3D. Como ya sabrás, trabajo como ingeniero (M.Eng.) e intento enseñarte los procesos técnicos y el uso del software en mis libros de la forma más sencilla y lúdica posible.

En este libro conoceremos cuatro proyectos más para la construcción de objetos 3D en "Tinkercad". Algunos de ellos son muy complejos, otros son un poco más fáciles de crear. Pero no te preocupes, trabajaremos estos proyectos juntos y paso a paso. Esto te ayudará a utilizar las funciones individuales de "Tinkercad" con más confianza y a aprender uno o dos enfoques nuevos para la construcción de tus propios modelos 3D. Cuanta más práctica guiada tengas, mejor podrás enfrentarte a proyectos tuyos más complejos.

Probablemente ya sepas que con "Tinkercad" -además de diseñar objetos 3D- también puedes diseñar circuitos electrónicos y aprender programación. Sin embargo, este libro -al igual que el anterior- trata exclusivamente de la construcción de modelos 3D en "Tinkercad". Te invitamos a echar un vistazo al libro "Proyectos Arduino con Tinkercad" (ISBN: 9783987420436) si también te interesan la electrónica y la programación. Puedes encontrar más detalles en las últimas páginas de este libro.

¡Y ya estamos en marcha! Empezamos inmediatamente con el primer proyecto. ¡Ponemos a prueba nuestras habilidades para construir una lámpara de mesa!

Capítulo 2 | Modelo 3D Proyecto 1: Lámpara de mesa

Nuestro primer proyecto juntos en este curso será el modelo 3D de una lámpara de mesa. Este proyecto es un buen proyecto de calentamiento, ya que es menos complejo que los proyectos siguientes. Puedes copiar el proyecto en tu propia cuenta "Tinkercad" utilizando el siguiente enlace.

https://tinyurl.com/3795bvjp

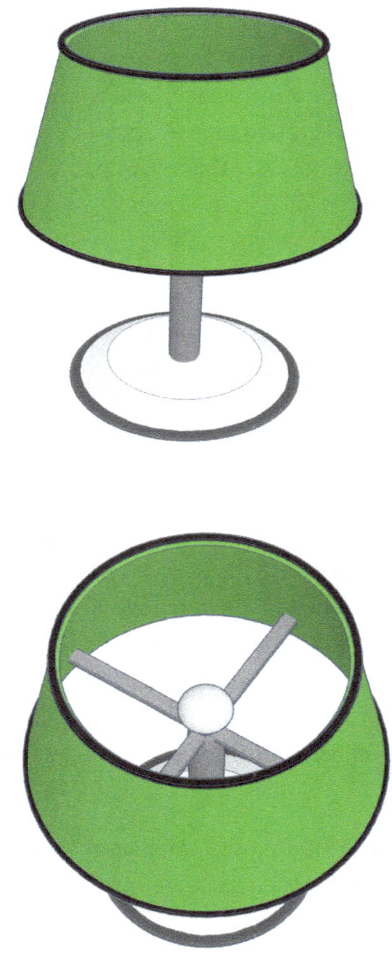

2.1 La pantalla

Como ya revela el título del capítulo, empezamos la construcción de la lámpara de mesa creando primero la pantalla verde. Antes de hacerlo, creamos un nuevo proyecto para el modelo 3D en "Tinkercad". Probablemente ya puedas hacerlo tú mismo, pero para este primer proyecto te mostraré los pasos. Probablemente ya puedas hacerlo tú mismo, pero para este primer proyecto te volveré a mostrar los pasos.

Una vez que te hayas conectado a tu propia cuenta "Tinkercad" (www.tinkercad.com) y estés en la página de inicio ①, haz clic en la pestaña "Designs" ② en la zona de la izquierda para crear un nuevo proyecto, después haz clic en el botón "+ Create" ③ en la zona de la derecha y a continuación selecciona la opción "3D Design" ④.

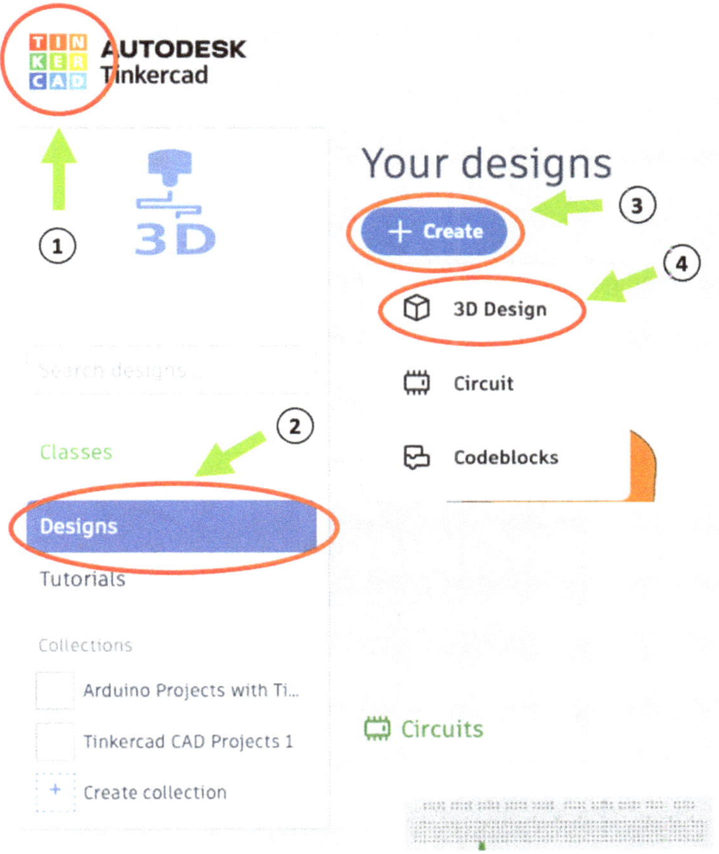

Ahora se abre un nuevo proyecto y estamos listos para empezar. Construimos la pantalla a partir de un cuerpo básico con forma de cono llamado "Cone". Lo encontramos en la colección de formas "Basic Shapes" ① en la sección central ②.

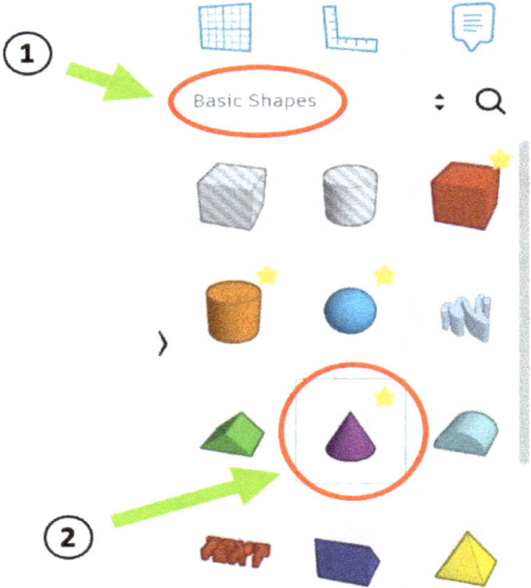

Colocamos este cuerpo en el plano de trabajo mediante arrastrar y soltar y lo ampliamos en ambas direcciones a 50 mm. Haz clic en el cuerpo, selecciona un punto de esquina ① e introduce las dimensiones ② y ③.

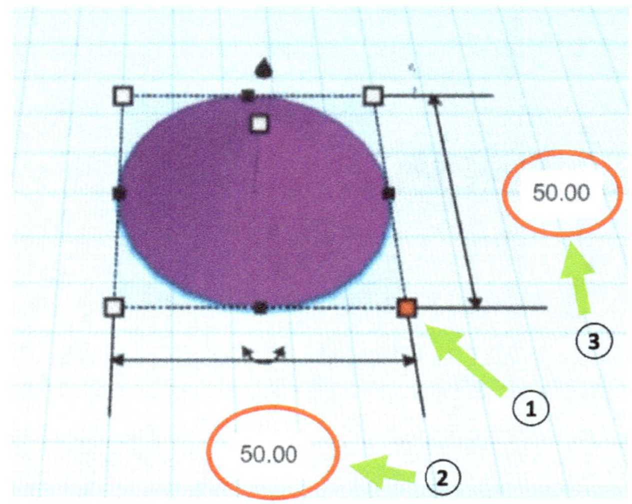

También cambiamos la altura del cuerpo cilíndrico a 28 mm. Para ello, hacemos clic en el cuerpo, seleccionamos el punto límite superior ① e introducimos la cota ②. Además, cambiamos el parámetro "Top Radius" ③ a 7 mm y el valor de "Sides" ④ a 64 para que el cono adopte la forma de la pantalla de la lámpara.

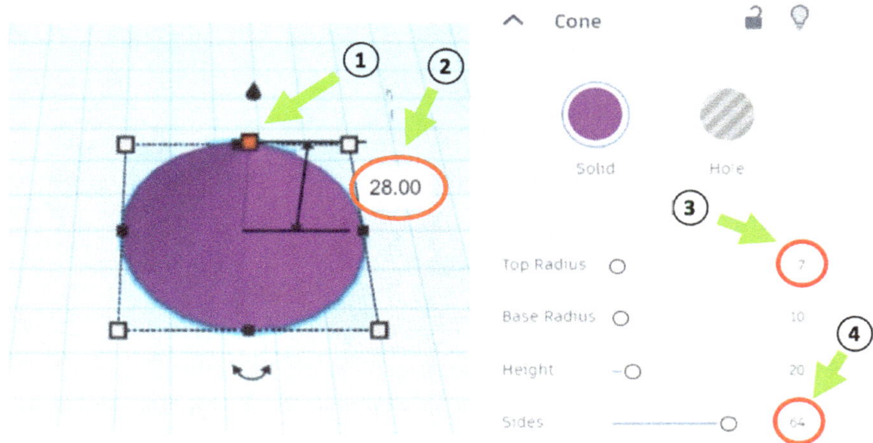

Como nuestra pantalla está formada por dos componentes, duplicamos el cuerpo creado con el comando "Duplicate and repeat" de la barra de menú de la esquina superior izquierda. Para ello, haz clic en el cuerpo ① y selecciona el comando ②. Esto coloca la parte duplicada de forma congruente sobre la original, así que la movemos ligeramente hacia la parte posterior izquierda ③. Cambiamos la longitud y la anchura del duplicado a 48 mm cada una ④.

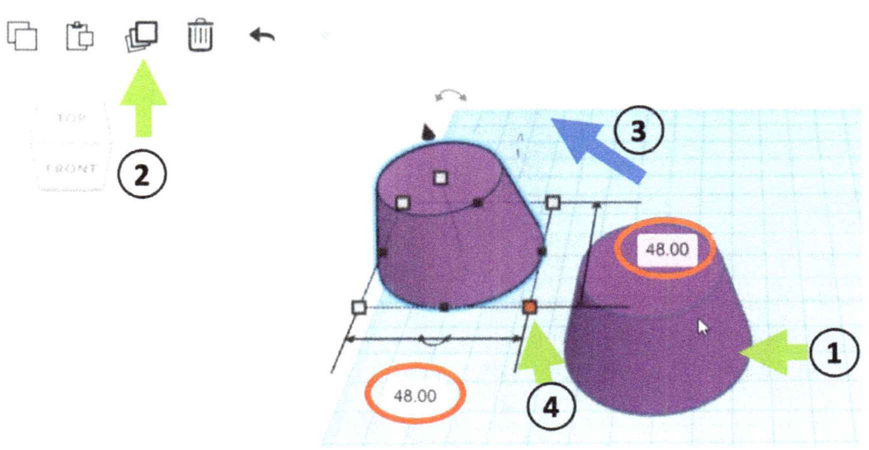

Para hacer un trabajo preliminar para la base de la lámpara de mesa, volvemos a duplicar la forma inicial (① y ②) y la desplazamos hacia la parte posterior derecha, por ejemplo. Esto nos ahorra tener que volver a crear el objeto en un paso posterior.

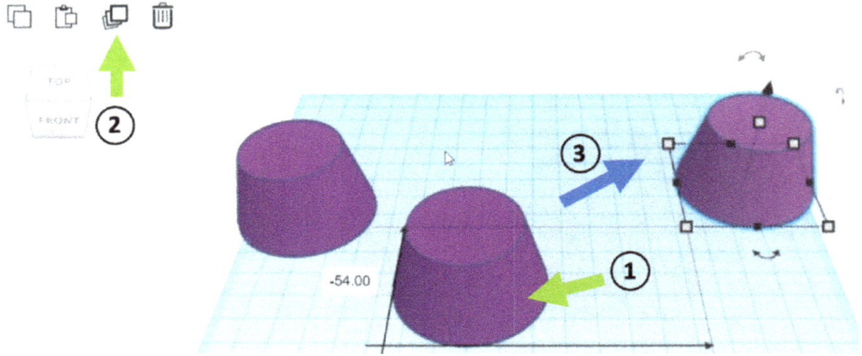

Pero ahora nos ocuparemos de nuevo de la pantalla de la lámpara. Utilizamos el objeto que creamos en segundo lugar ① para ahuecar la pantalla de la lámpara. Para que esto funcione, tenemos que cambiar de la selección "Solid" a la selección "Hole" ② en sus ajustes. Para ello, el objeto debe estar seleccionado.

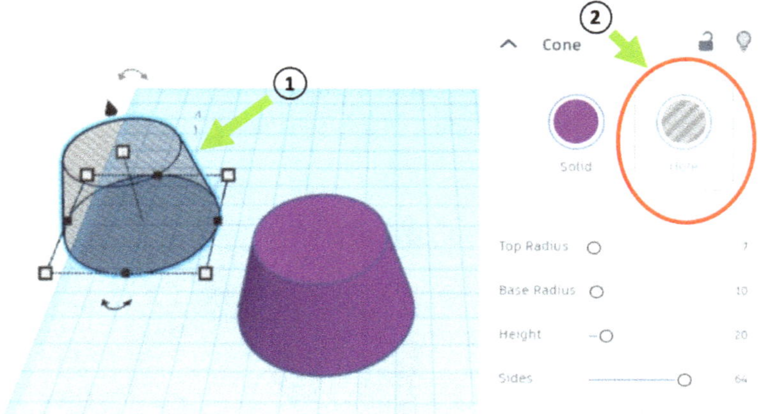

También puedes pensar en la mejor forma de disponer los dos objetos de modo que obtengamos la pantalla hueca. Si ya tienes una idea, puedes probarla por tu cuenta. La solución sigue en la página siguiente.

---------------------------------- Aquí viene la solución: ---------------------------------------

Para la disposición utilizamos naturalmente el comando "Align". Para ello, seleccionamos ambos objetos con el ratón. Para una selección múltiple tenemos que mantener pulsada la tecla Mayúsculas o estirar un rectángulo. Entonces podemos seleccionar el comando ① y -después de que se nos muestren los puntos de alineación- hacer clic en los respectivos puntos medios ② y ③.

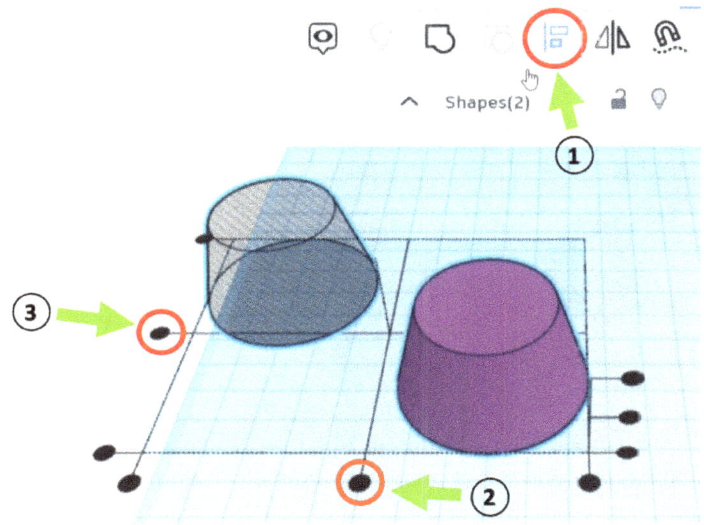

Para convertir los dos objetos en un grupo, utilizamos el comando "Group". Para ello, ambos objetos deben estar seleccionados.

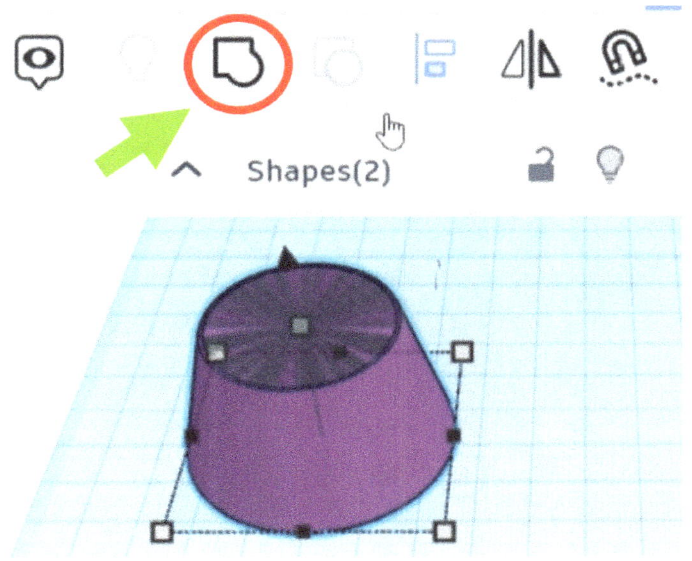

¡Magníficamente hecho! Si ahora echamos un vistazo a la lámpara de mesa (véase el principio del capítulo), veremos que nuestra pantalla aún tiene un bisel en la zona superior e inferior. Ahora queremos crearlo. La forma más sencilla de hacerlo es duplicar la pantalla anterior con el comando "Duplicate and repeat" (① y ②) y luego simplemente recortar la parte central utilizando un recuadro (③ y ④).

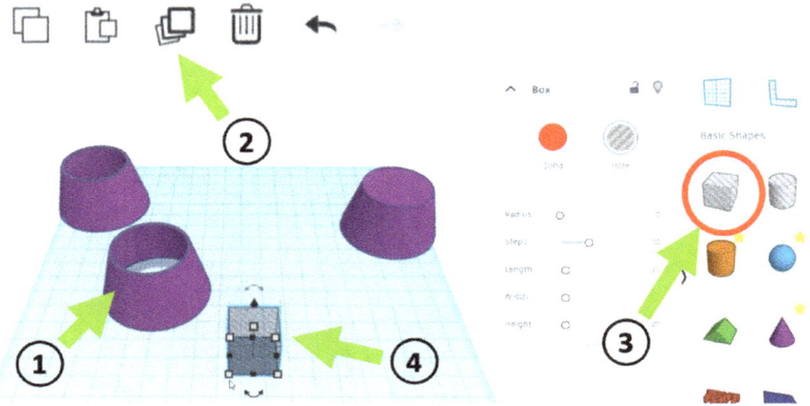

El cuboide debe medir 79 mm de largo, 54,5 mm de ancho y 27 mm de alto (① - ③). También queremos que el cuboide se sitúe en el centro de la pantalla, lo que conseguimos con ayuda del comando "Align" ④ y la selección de los puntos de alineación ⑤-⑦. Por último, agrupamos los dos objetos ⑧ para que se realice el recorte.

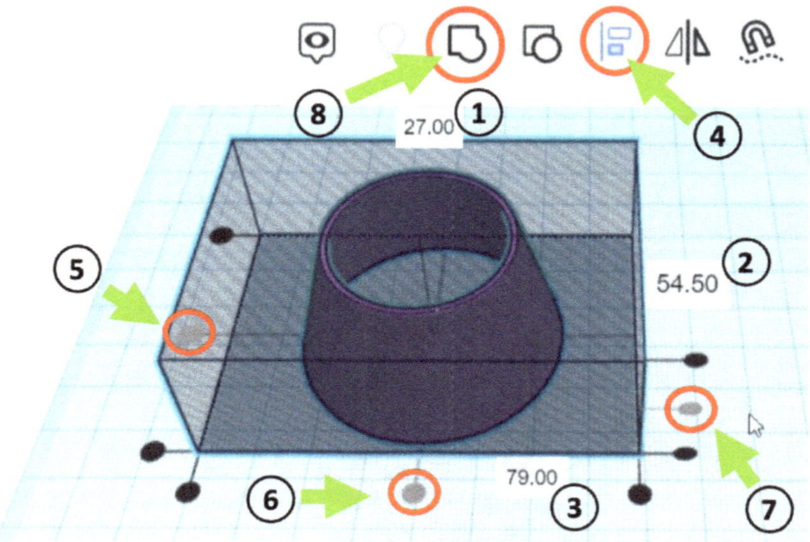

Así obtenemos esta construcción:

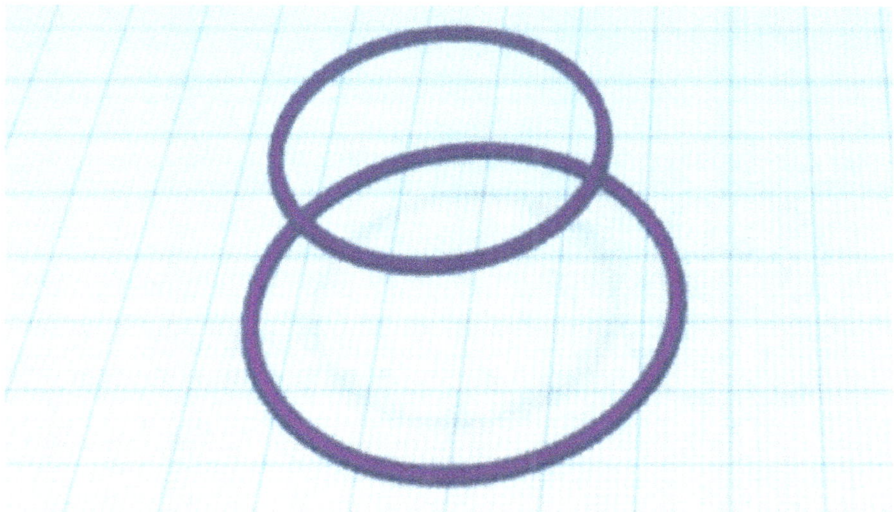

Antes de conectar la pantalla al bisel superior e inferior, cambiamos su color. Para ello, haz clic en la pantalla ① y selecciona un color en los ajustes del objeto (② y ③).

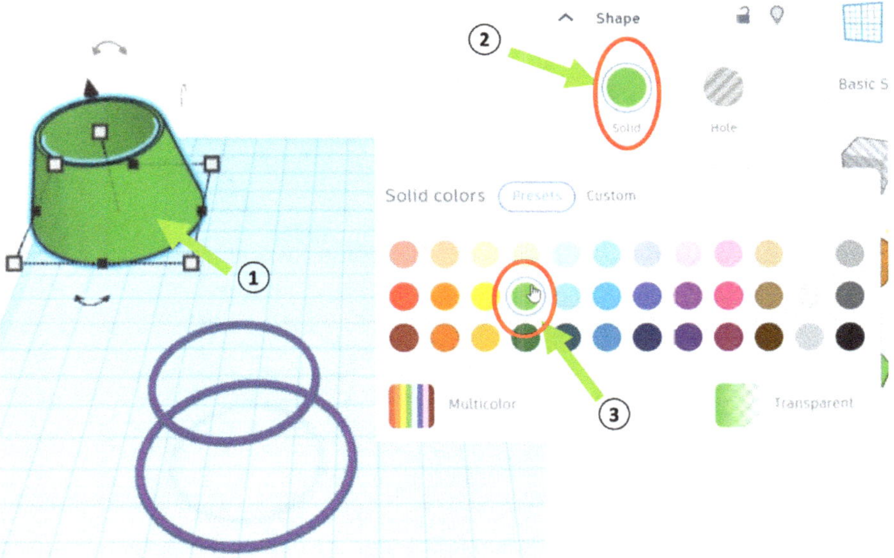

Además, también cambiamos el color del bisel -por ejemplo, a negro (① - ③)- y hacemos otro cambio en las dimensiones, ya que el bisel tiene que ser un poco más grande que la pantalla.

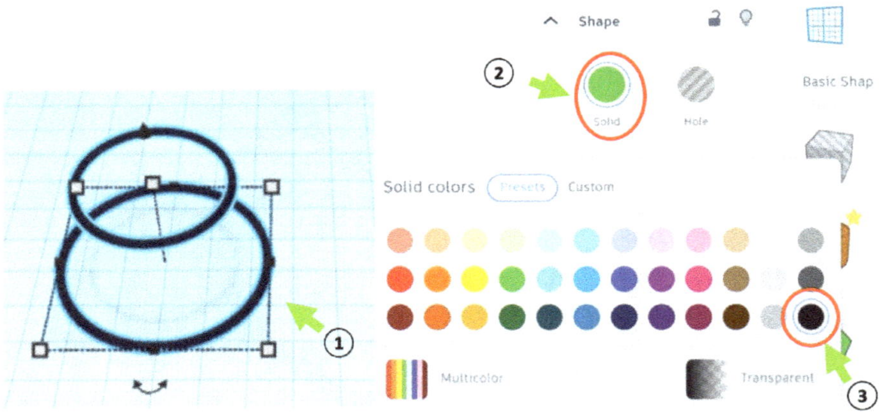

Así que cambiamos la longitud y la anchura a 51 mm cada una y la altura a 29 mm.

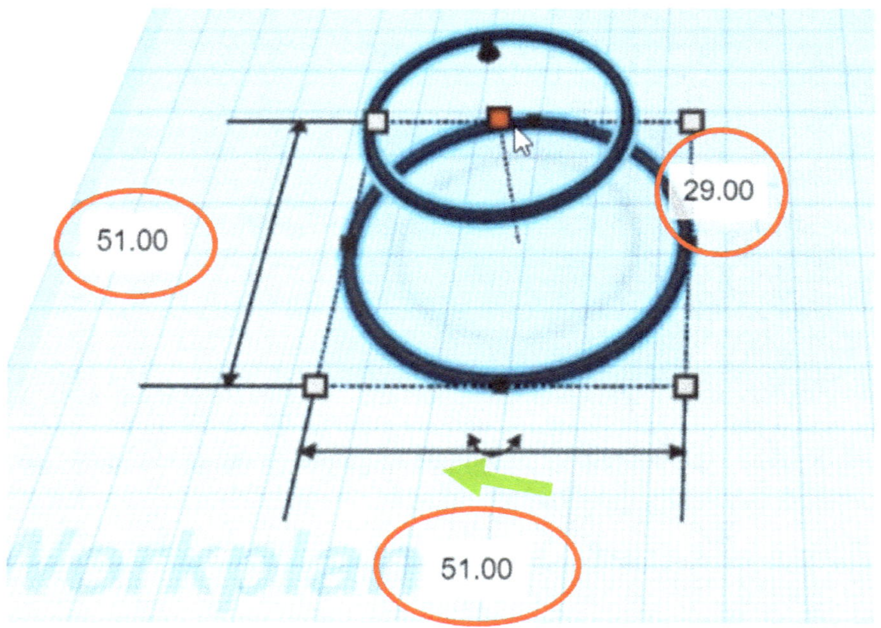

Ahora podemos marcar o seleccionar los dos objetos y luego posicionarlos utilizando el comando "Align" ①. Para ello, hacemos clic en los puntos de alineación mostrados (② y ③).

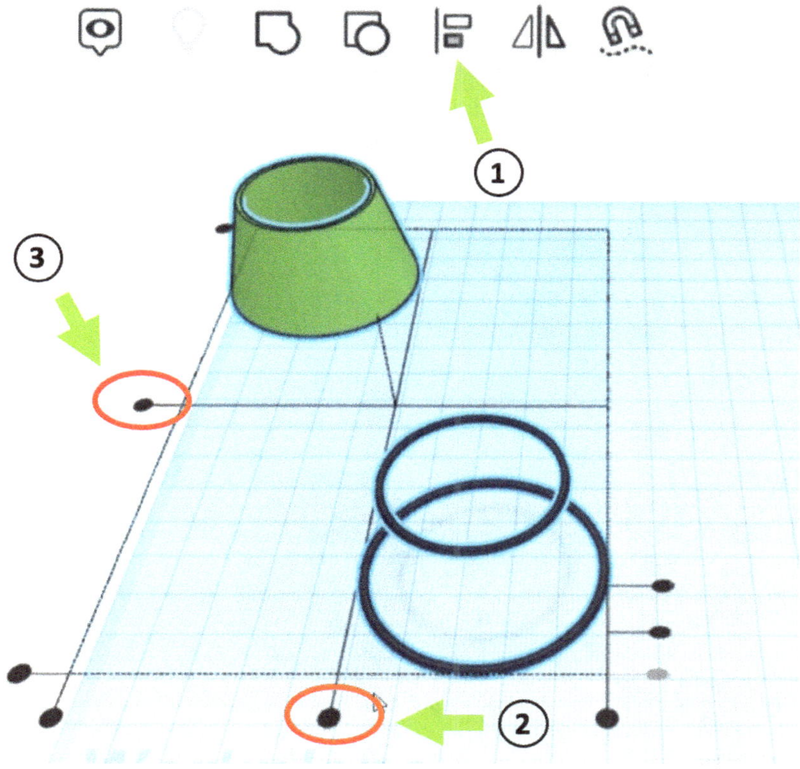

Así tendremos la pantalla de la lámpara terminada. En el próximo capítulo nos ocuparemos de la base de la lámpara de mesa.

2.2 Base, varilla y montaje de la lámpara de mesa

En este capítulo queremos crear la base de la lámpara de mesa. Para ello ya habíamos hecho un trabajo preliminar en el capítulo anterior duplicando el cuerpo básico de la pantalla y desplazándolo hacia un lado. Así que nuestro punto de partida es el siguiente

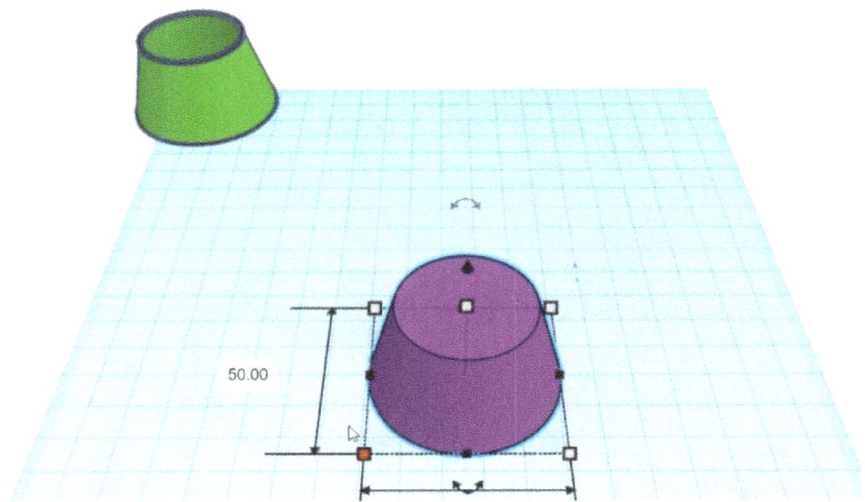

En el primer paso, cambiamos las dimensiones del cuerpo a 38 mm cada una para la longitud y la anchura y a 4 mm para la altura ①. También coloreamos la base de blanco (② y ③).

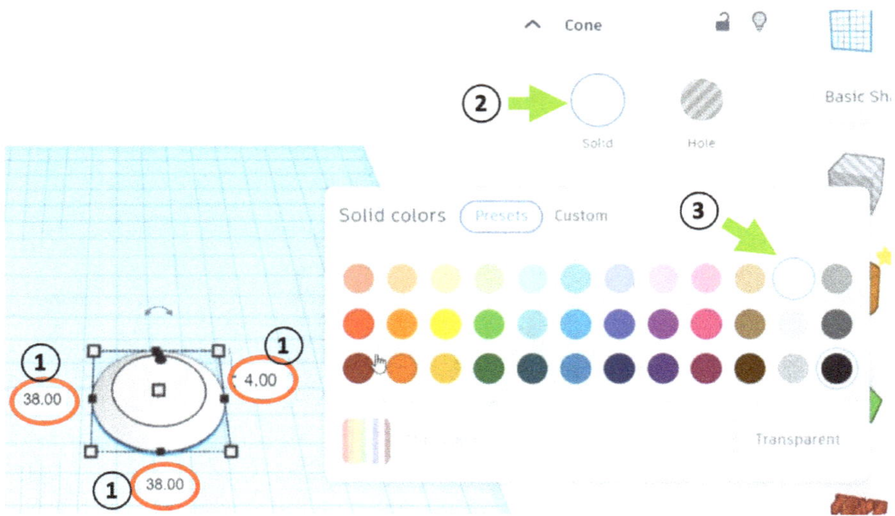

Al igual que la pantalla, nuestra base también consta de dos componentes. Por tanto, duplicamos el cuerpo creado hasta ahora con el comando "Duplicate and repeat" (① y ②) y lo coloreamos de gris (③ y ④).

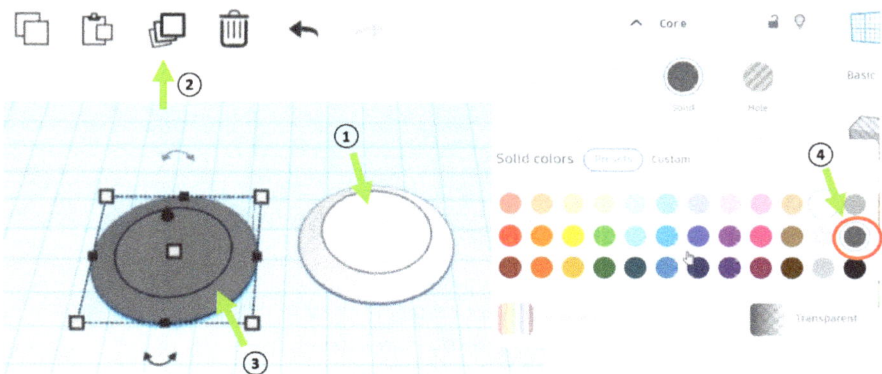

A continuación, podemos unir los dos cuerpos para formar la base de la pantalla. Lo hacemos como de costumbre con el comando "Align".

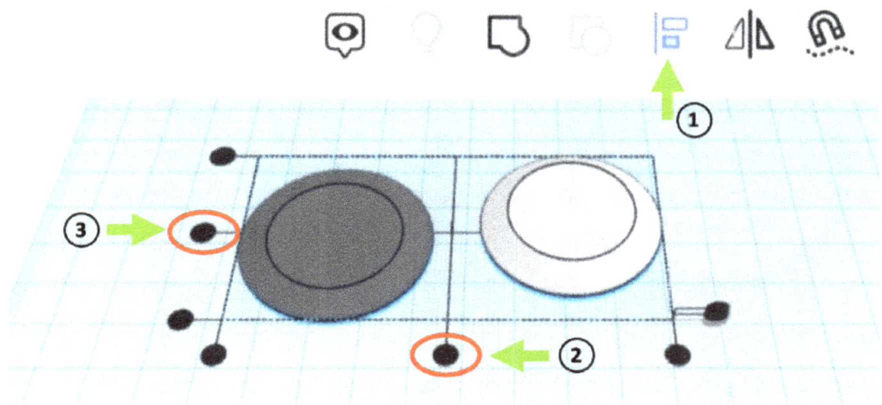

A continuación, creamos la varilla de la que luego colgará la pantalla de la lámpara. Para ello, colocamos un cuerpo cilíndrico en nuestro plano de trabajo (① y ②). Aumentamos los valores de los ajustes "Sides", "Bevel" y "Bevel Segments" ③-⑤ hasta sus respectivos máximos (64, 2,5, 10).

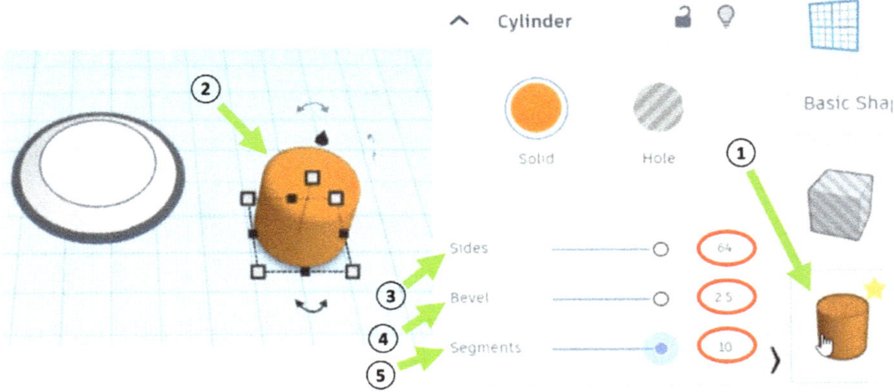

Ahora podemos cambiar las dimensiones a 5 mm cada una para la anchura y la longitud y 50 mm para la altura del cuerpo cilíndrico.

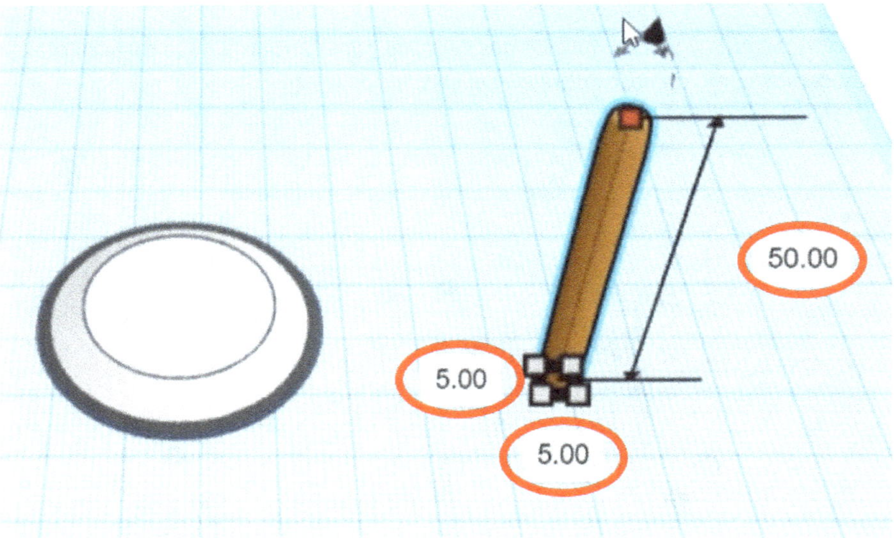

La segunda parte de la articulación consistirá en una cruz, que se colocará en el extremo superior de la barra que acabamos de crear. Para crear el primer puntal de la cruz, seleccionamos un cubo ① como forma básica. Cambiamos su longitud a 45 mm, su anchura a 2 mm y su altura a 1 mm ②-④.

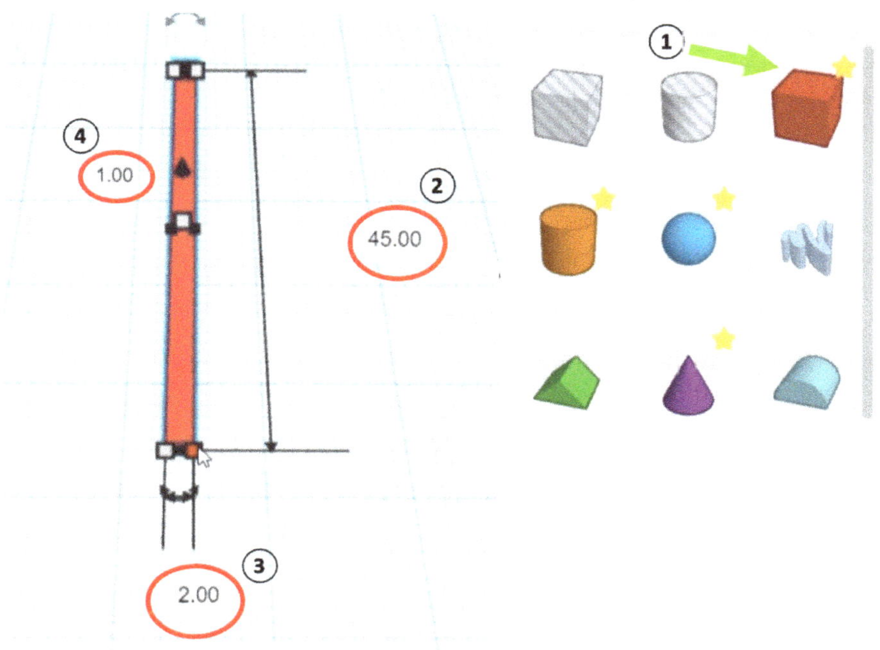

Creamos el segundo puntal por duplicación (comando: "Duplicate and repeat") ①-② y por una posterior rotación de 90° del duplicado ③.

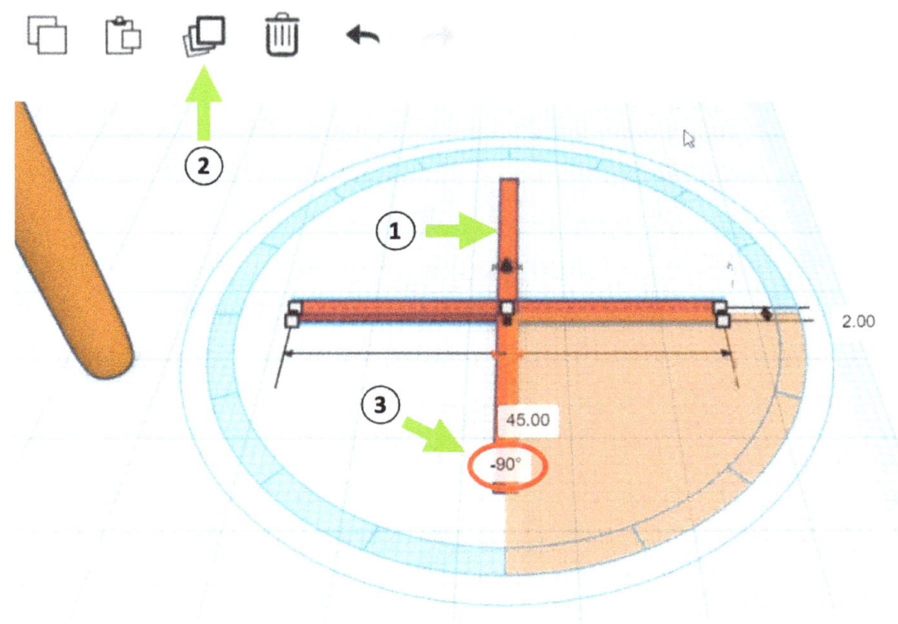

El siguiente paso es cambiar los colores de los puntales y agrupar los puntales individuales en una cruz. Para ambas acciones hay que seleccionar los objetos ①. Entonces podremos realizar las acciones ②-④.

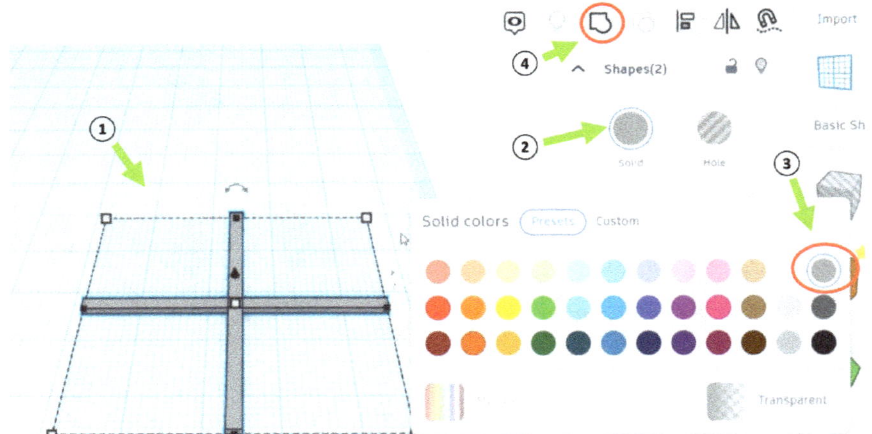

Luego podemos ensamblar la cruz y la barra vertical. Lo hacemos con el comando "Align" ②-⑤ después de haber seleccionado los objetos ①.

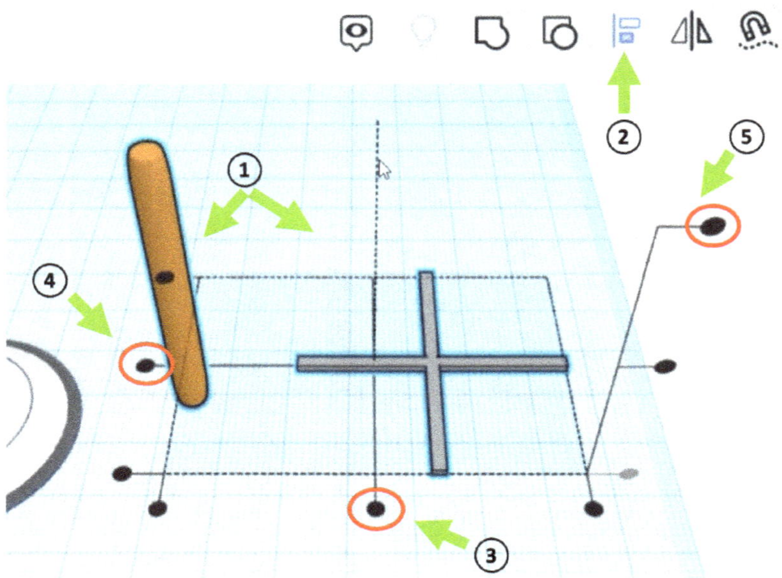

Por supuesto, nuestra pantalla también debe tener una bombilla. Para no tener que construirla por separado, buscamos el término "bulb" ① en la biblioteca de formas y arrastramos y soltamos la bombilla ② en nuestro plano de trabajo.

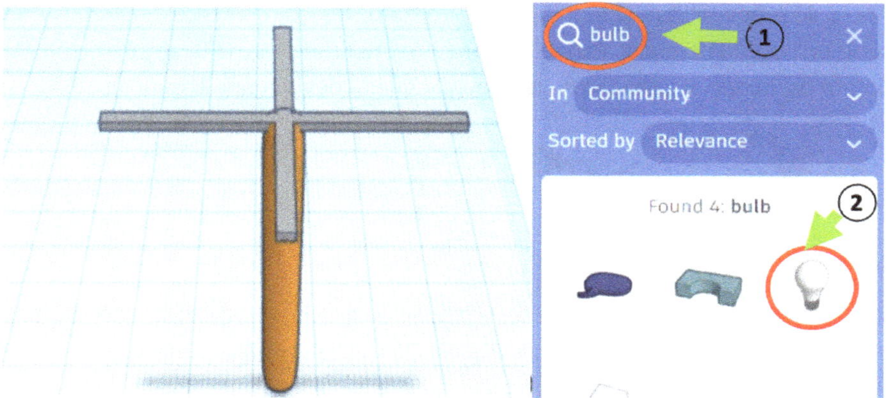

La bombilla es enorme en comparación con los demás objetos. Cambiamos esto eligiendo 7 mm para la anchura y la longitud de la bombilla y 10 mm para la altura. Cambiar las dimensiones funciona igual para este objeto que para los demás. Para que la bombilla quede centrada en la cruz de la varilla, seleccionamos todos los objetos y utilizamos el comando "Align". Tras activar el comando ①, primero hacemos clic en la cruz ② para poder seleccionar los puntos de alineación correctos ③-⑤.

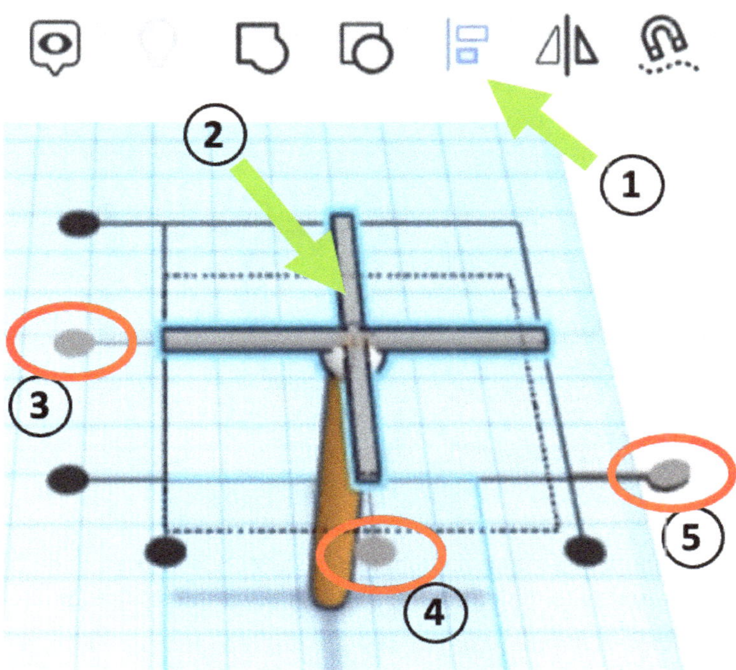

Antes de empezar con el montaje final de todos los componentes, tenemos que subir un poco la bombilla. Para ello, simplemente tiramos de la flecha pequeña del objeto hasta que el casquillo de la bombilla quede oculto en el enganche.

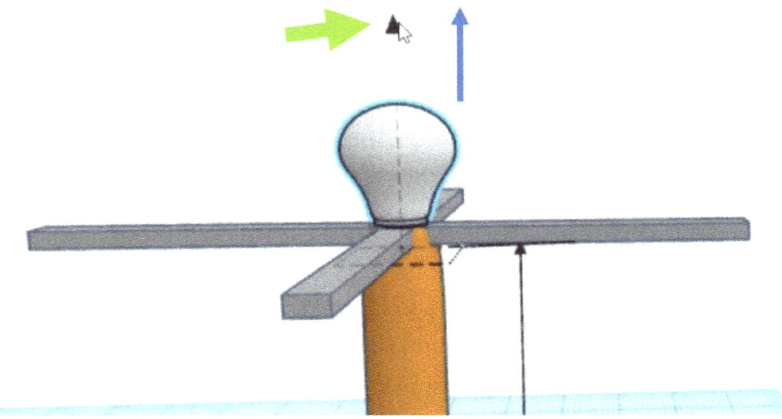

Ahora, como ya he dicho, podemos empezar a montar y casi hemos llegado al final del primer proyecto. En el primer paso marcamos tanto la base como el enganche incl. bombilla y utilizamos el comando "Align" y los puntos de alineación mostrados para conseguir el posicionamiento correcto.

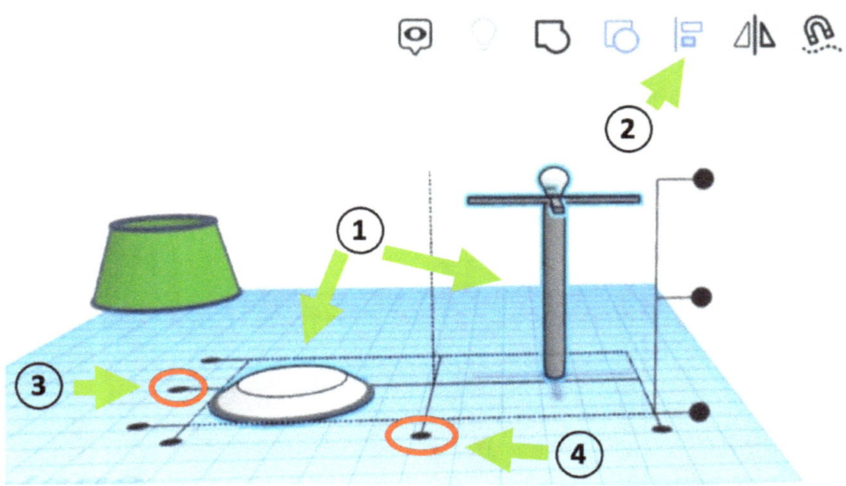

En el segundo paso, sacamos la pantalla de la esquina y la colocamos de la misma forma que el resto de los objetos. Utilizamos los puntos de alineación mostrados (comando: "Align").

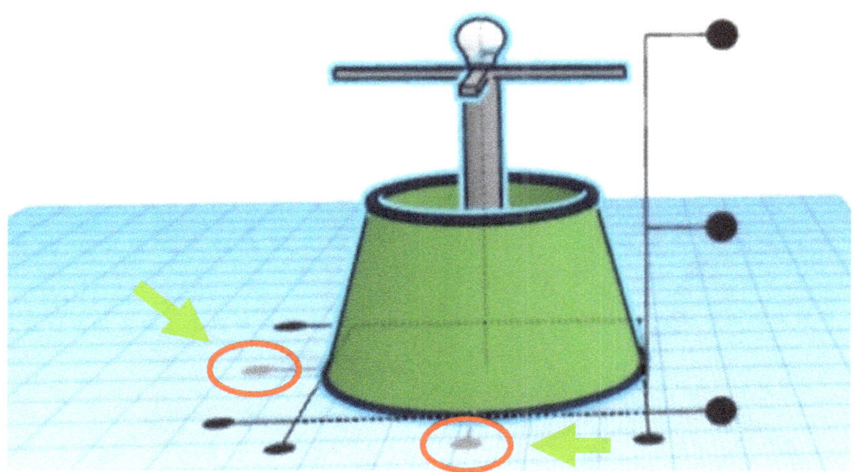

En el último paso tiramos de la pantalla hacia arriba hasta su posición final por la flecha pequeña del objeto. Tiramos hasta que la varilla deje de ser visible. Entonces, ¡la posición es perfecta!

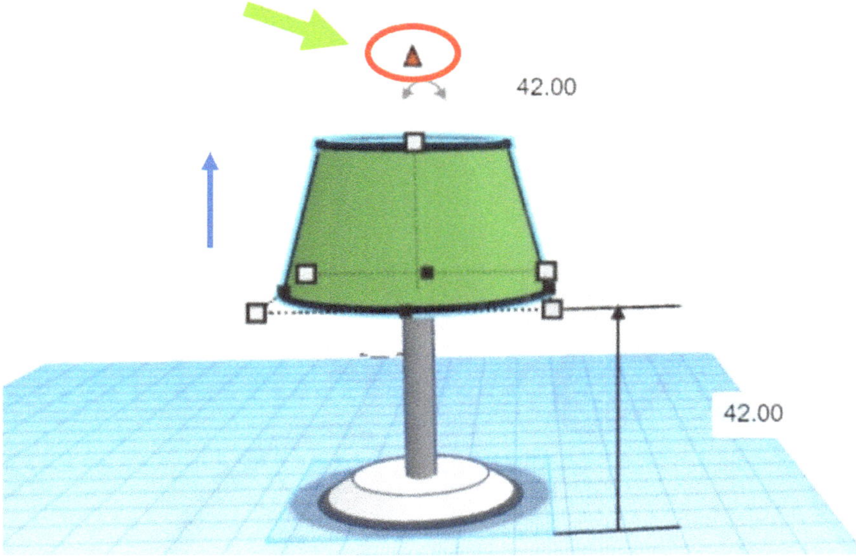

¡Súper trabajo! Ya hemos completado el primer proyecto. Es estupendo que te hayas quedado con él hasta el final. Ahora pasaremos al siguiente proyecto, que es un poco más complicado. Pero no te preocupes, ¡juntos podemos hacerlo!

Capítulo 3 | Modelo 3D Proyecto 2: Bicicleta

Nuestro segundo proyecto juntos en este curso será un modelo 3D de una bicicleta. La bicicleta debe tener este aspecto y puedes copiar el proyecto en tu cuenta en el siguiente enlace:

https://tinyurl.com/mr28za59

3.1 La rueda delantera de la bicicleta

Después de crear un nuevo proyecto para la bicicleta, en este capítulo empezaremos primero con la construcción de la rueda delantera. Necesitaremos tres pasos para la creación.

En el primer paso creamos la llanta con el neumático, en el segundo el buje y en el tercero los radios individuales. La parte exterior de la llanta y el neumático constan de un solo cuerpo en nuestro modelo simplificado. Seleccionamos el cuerpo cilíndrico "Tube" ② de la colección de formas "Basic Shapes" ①.

Colocamos este cuerpo en el plano de trabajo mediante arrastrar y soltar y lo ampliamos en ambas direcciones hasta 36,24 mm. Para ello, haz clic en el cuerpo, selecciona un punto de esquina e introduce las dimensiones.

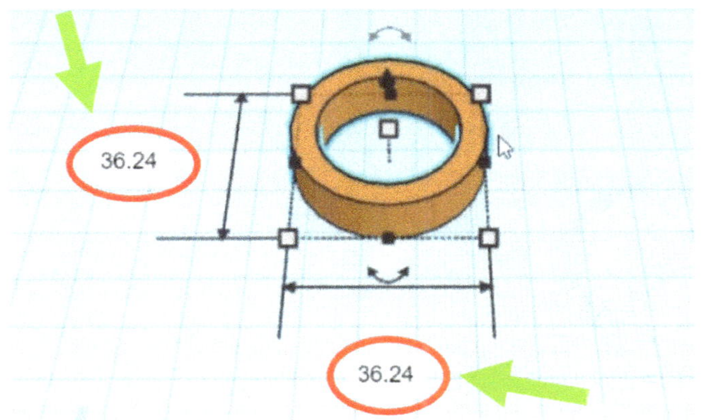

También cambiamos la altura del cuerpo cilíndrico de 10 mm a 1,81 mm.

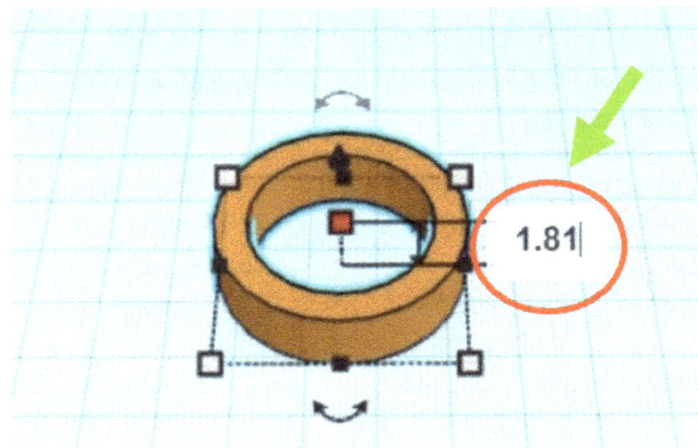

En los ajustes del objeto 3D reducimos el grosor de la pared a 1 mm ① y aumentamos los valores de los ajustes "Sides", "Bevel" y "Bevel Segments" ② a sus respectivos máximos (64, 5, 10). También cambiamos el color a negro ③.

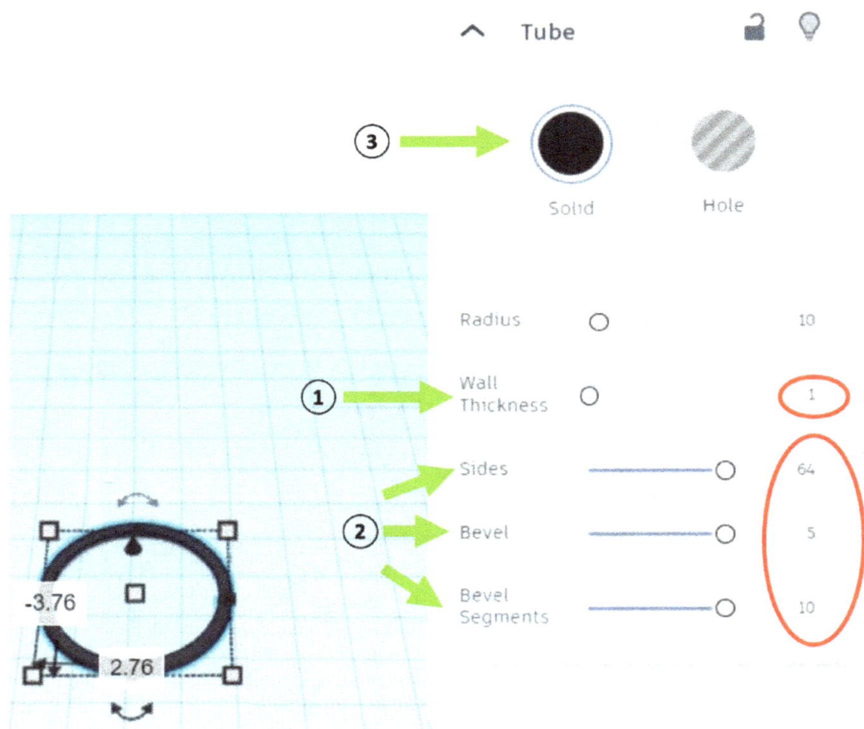

Ahora pasamos a la construcción del cubo de la rueda. Para ello, colocamos un cuerpo cilíndrico ① en cualquier zona del plano de trabajo y cambiamos sus dimensiones haciendo clic en los puntos de sus esquinas. Para los lados necesitamos 5,38 mm ② cada uno, para la altura necesitamos 2 mm ③.

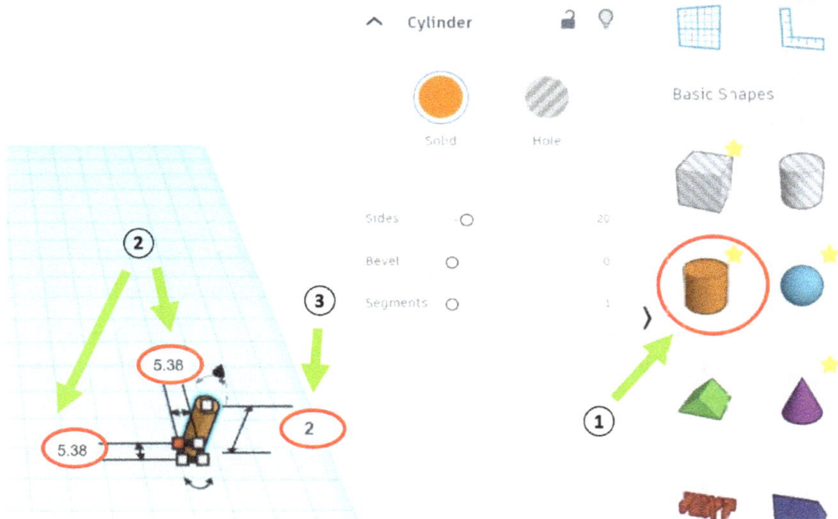

A continuación, alineamos los dos cuerpos entre sí abarcando un rectángulo ① con el botón izquierdo del ratón pulsado, seleccionando el comando "Align" ②, o pulsando el botón "L".

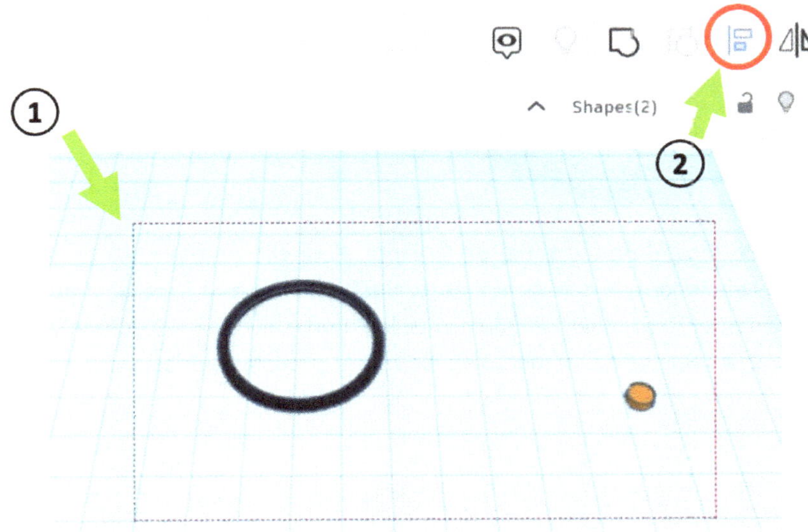

Lógicamente, los dos cuerpos deben colocarse concéntricamente entre sí, es decir, el cubo de la rueda debe situarse exactamente en el centro de la llanta. Esto se consigue seleccionando los dos puntos indicados ①-② uno detrás de otro.

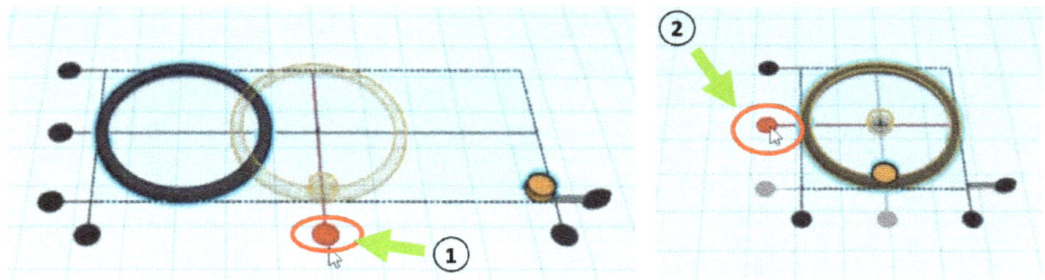

Antes de continuar con los radios de la llanta, establecemos los ajustes "Sides", "Bevel" y "Segments" en sus valores máximos (64, 2,5, 10) para que la forma del cubo de la rueda sea un poco más suave y redondeada. El cuerpo debe estar seleccionado para que aparezcan estos ajustes.

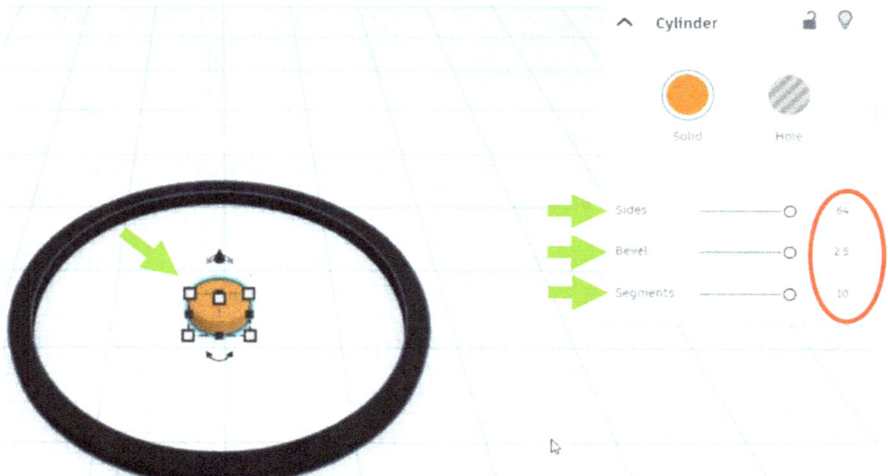

Ahora creamos el primer radio de la llanta. Para ello necesitamos de nuevo un cuerpo cilíndrico, que colocamos en cualquier zona de la superficie de trabajo. Inmediatamente después cambiamos su longitud y anchura a 0,20 mm cada una. La altura la dejamos de momento en los 20 mm preestablecidos.

Luego giramos el cuerpo 90° para que flote horizontalmente.

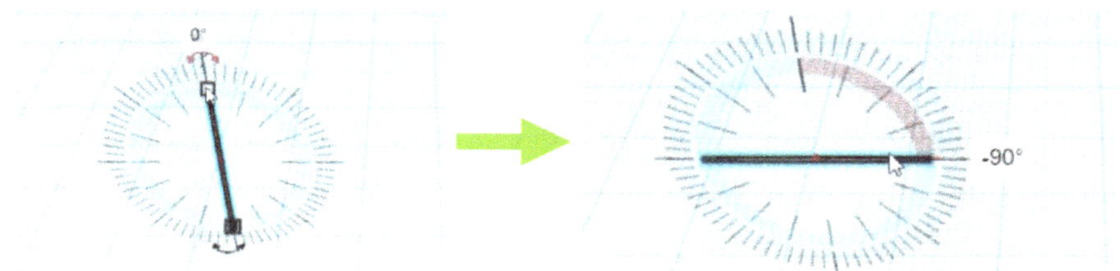

A continuación, movemos el cuerpo de modo que quede aproximadamente centrado sobre los otros dos cuerpos. Para seguir posicionando, seleccionamos los tres cuerpos y utilizamos de nuevo el comando "Align". Tras seleccionar el comando, hacemos clic en los respectivos puntos de alineación en el orden indicado.

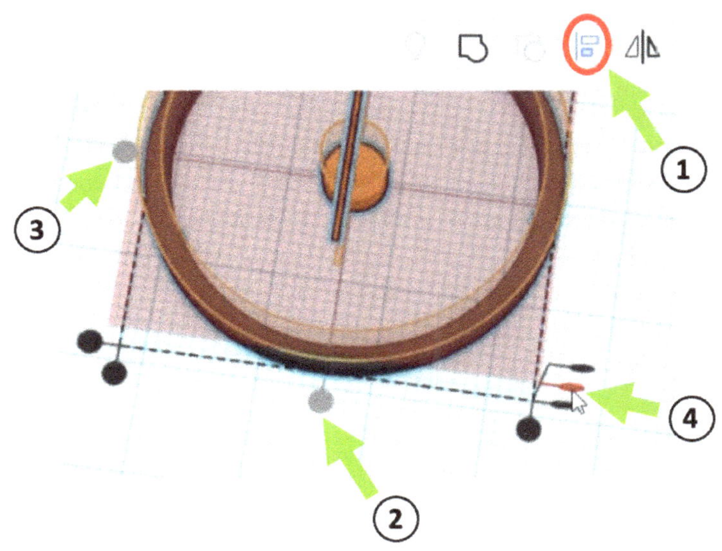

A continuación, movemos el radio de bicicleta en la dirección de la flecha verde utilizando las teclas de flecha del teclado. También cambiamos la longitud de este primer radio de bicicleta a 17 mm.

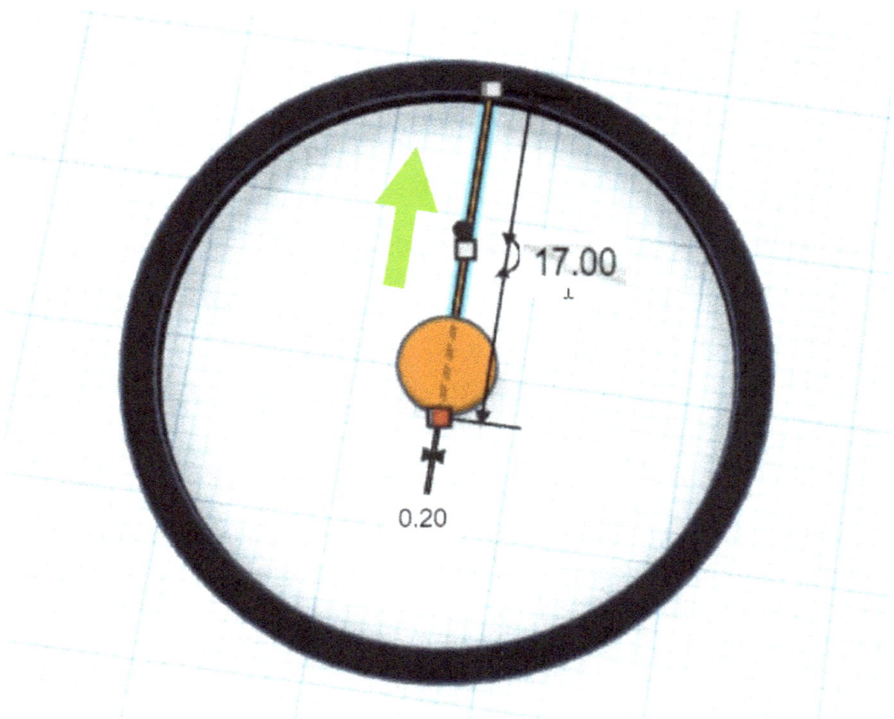

Después de haber marcado el cubo y el radio de la llanta ①, pulsamos el botón "L" o, alternativamente, seleccionamos el comando "Align" en la barra de menú.

Hacemos esto para definir la posición del radio de bicicleta en el exterior del cubo de la rueda en este paso. Para ello, primero hacemos clic en el cubo de la rueda ② y luego seleccionamos el punto mostrado ③ para posicionarlo.

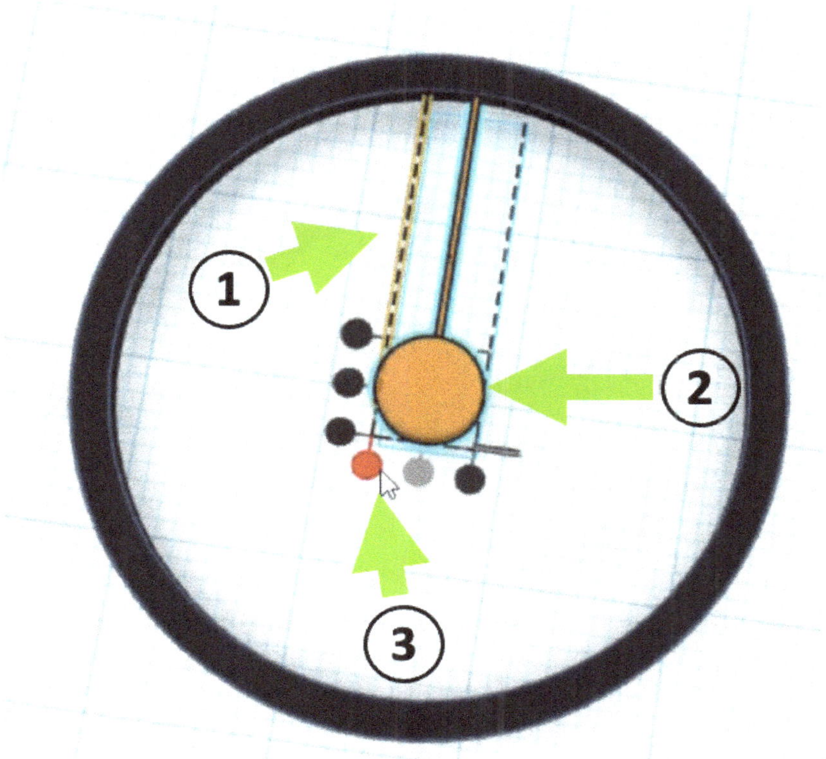

Antes de poder crear un patrón para todos los demás radios de la bicicleta, necesitamos otro radio idéntico, que crearemos tras seleccionar el cuerpo haciendo clic en el comando "Duplicate and repeat" de la barra de menús de la esquina superior izquierda.

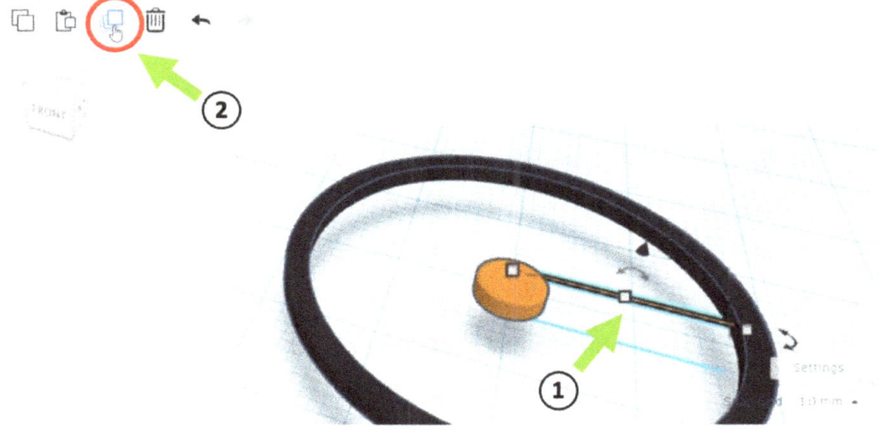

Utilizando las teclas de flecha, movemos entonces el duplicado en la dirección de las flechas rojas hasta aproximadamente la posición mostrada (flecha verde).

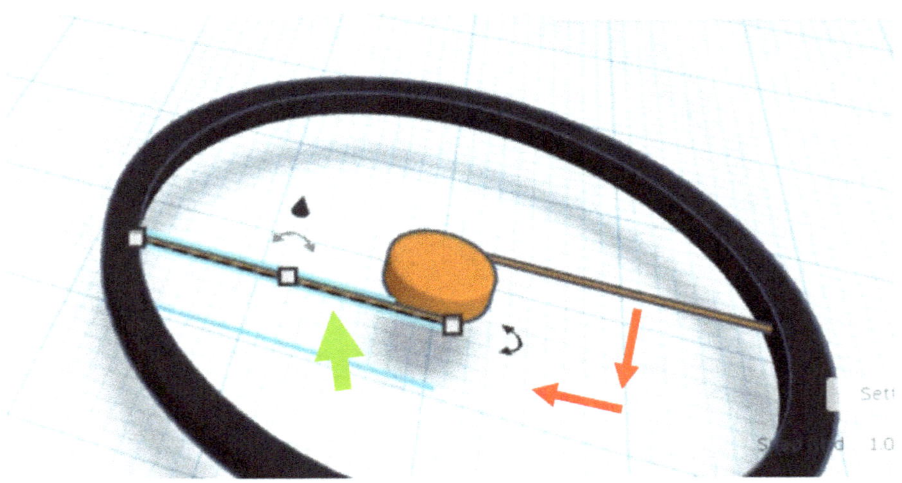

Para la posición exacta, marcamos el cubo de la rueda y el radio de la bicicleta (① y ②) y pulsamos el botón "L" para llamar al comando "Align". Aquí utilizamos el mismo procedimiento que antes para el primer radio de la bicicleta. Por tanto, a continuación, hacemos clic en el cubo de la rueda ② y seleccionamos el punto de posicionamiento mostrado ③.

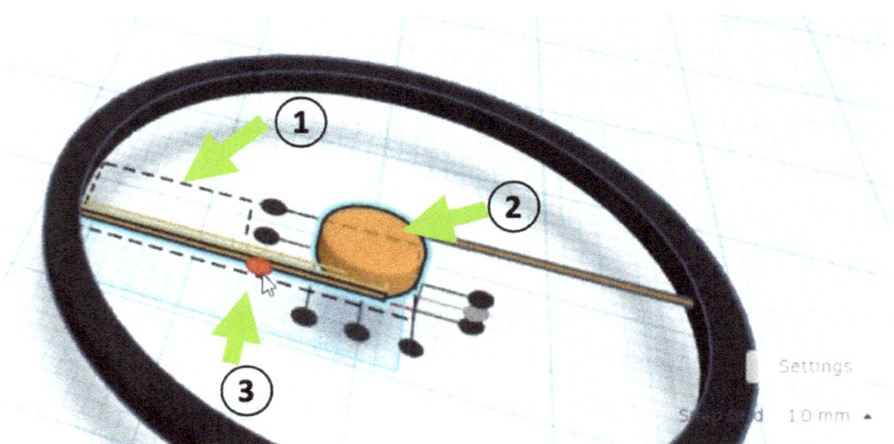

A continuación, movemos el radio de la bicicleta un poco hacia el neumático o la llanta, de modo que obtengamos aproximadamente el siguiente resultado.

Comprueba también el radio de la bicicleta opuesta, debe estar colocado de forma similar.

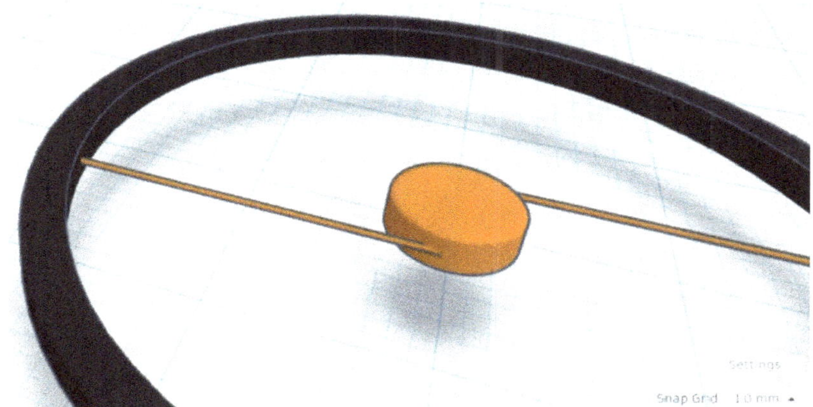

Ahora podemos crear todos los demás radios de bicicleta de forma sencilla y rápida. Párate un momento a pensar cómo podríamos hacerlo.

-- He aquí la solución: --

Seleccionamos los dos radios de la bicicleta simplemente haciendo clic sobre ellos ① (manteniendo pulsada la tecla Mayúsculas) y, a continuación, seleccionamos de nuevo el comando "Duplicate and repeat" ②. Para activar este comando, alternativamente podríamos utilizar simplemente la combinación de teclas "STRG+D". Por cierto, no se ve mucho después de ejecutar el comando, porque los cuerpos duplicados se colocan de forma congruente sobre los ya existentes.

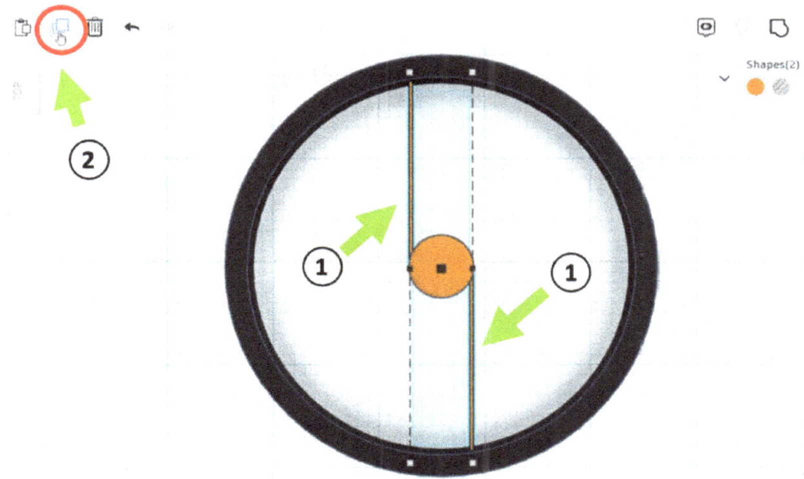

A continuación, podemos girar los elementos duplicados haciendo clic en la pequeña flecha doble roja ① de la zona inferior (los cuerpos deben seguir seleccionados para ello) y moviendo el ratón de forma que obtengamos la siguiente representación. Giramos 22,5° ②.

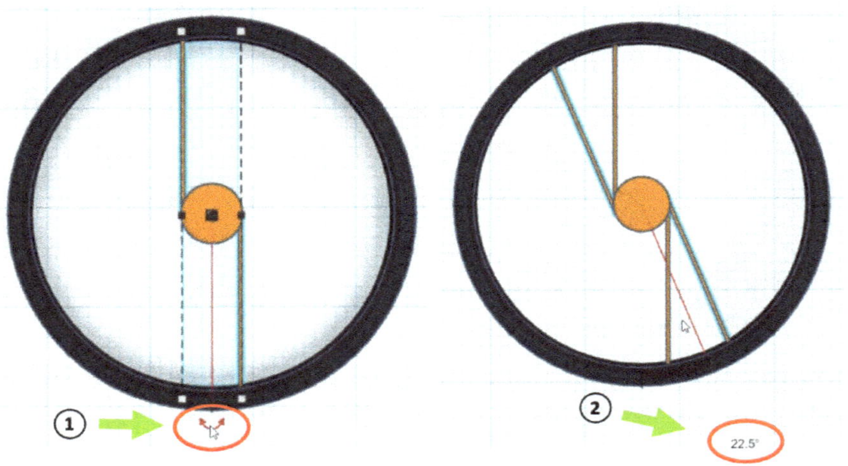

Si luego, inmediatamente -sin hacer clic en nada más previamente- volvemos a hacer clic un total de seis veces seguidas en el comando "Duplicate and repeat", los radios de bicicleta restantes se colocan automáticamente alineados correctamente. ¡Casi mágico!

A continuación, queremos añadir un soporte de horquilla delartera a nuestro buje de rueda. Para ello, hacemos clic en el cubo ① y seleccionamos el comando "Duplicate and repeat" ②. A continuación, hacemos clic en un punto de la esquina del cuerpo duplicado e introducimos 3,62 mm como cota ③.

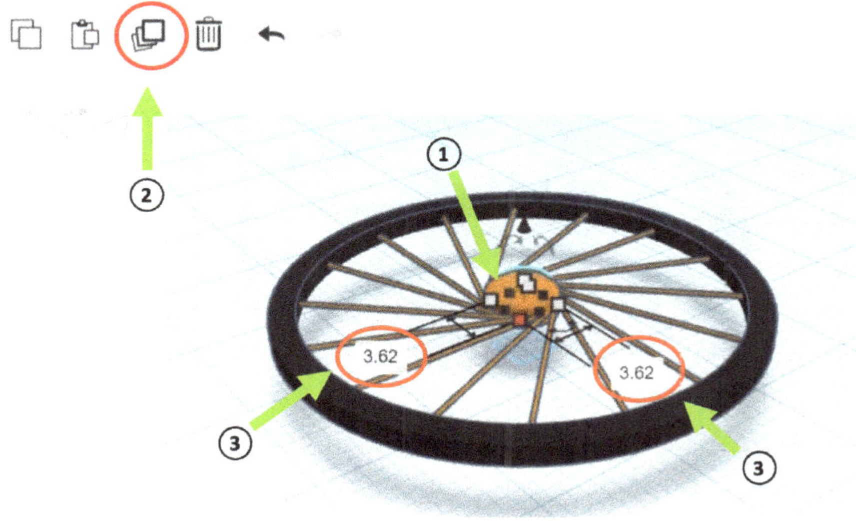

También cambiamos la altura del cuerpo duplicado a 7,25 mm.

Para que el cuerpo creado quede centrado en el plano de la rueda delantera, seleccionamos todos los cuerpos creados hasta ahora y utilizamos el comando "Align" ①. Hacemos clic en el punto de alineación mostrado ②.

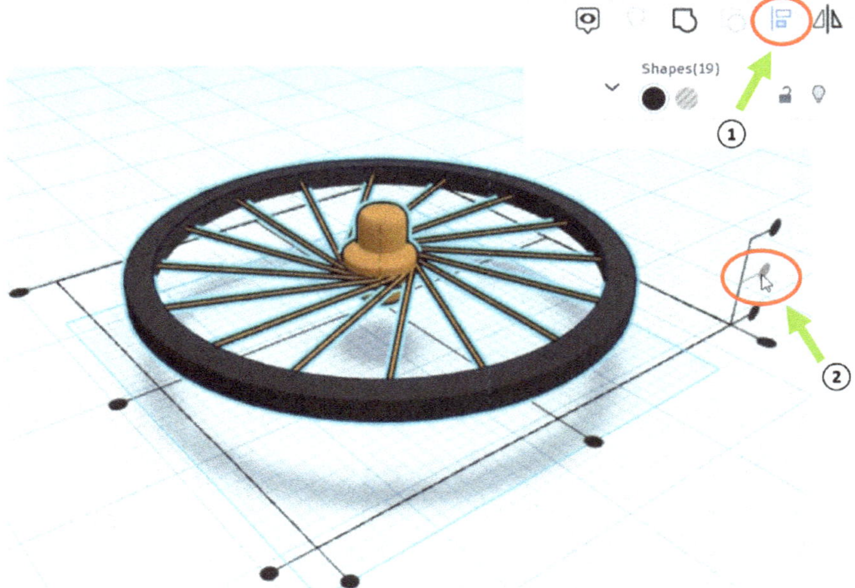

A continuación, también tenemos que alinear el objeto duplicado centrado en el propio cubo de la rueda. Para ello, seleccionamos los dos cuerpos naranjas, pulsamos el botón "L" (o ①) y, a continuación, hacemos clic en los puntos de alineación indicados (② y ③) uno tras otro. Para una mejor representación, aquí se ocultan todos los demás cuerpos (haciendo clic en el símbolo de la bombilla).

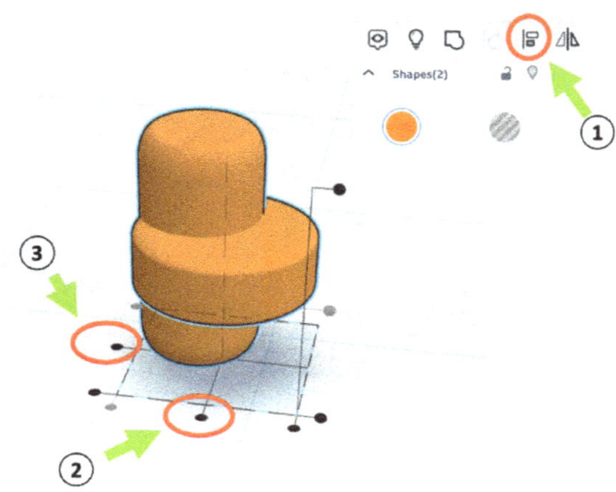

Para terminar el capítulo, hacemos algunos ajustes de color y luego agrupamos todos los objetos. Para ello, primero volví a difuminar todos los cuerpos ① (no hay que seleccionar ningún objeto) y luego volví a difuminar sólo el neumático (② y ③) para poder marcar más fácilmente todos los radios de la rueda junto con el cubo de la rueda.

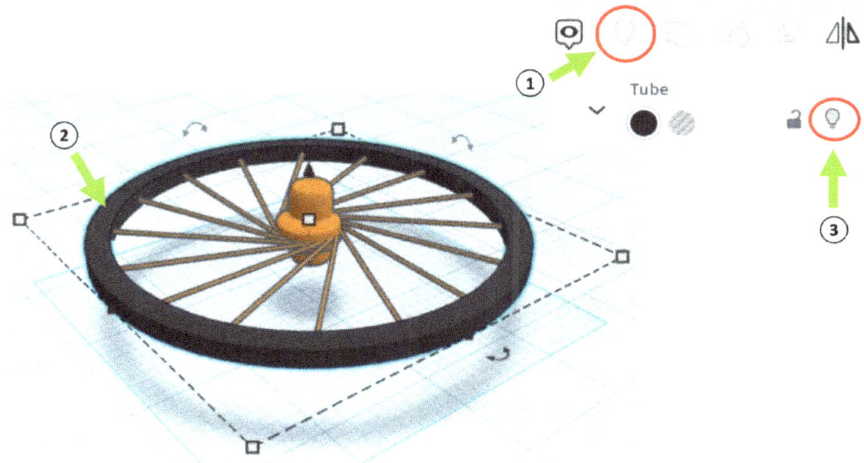

Así sólo quedan visibles los radios y el cubo de la rueda. Seleccionamos todos los objetos y elegimos un color gris en los ajustes.

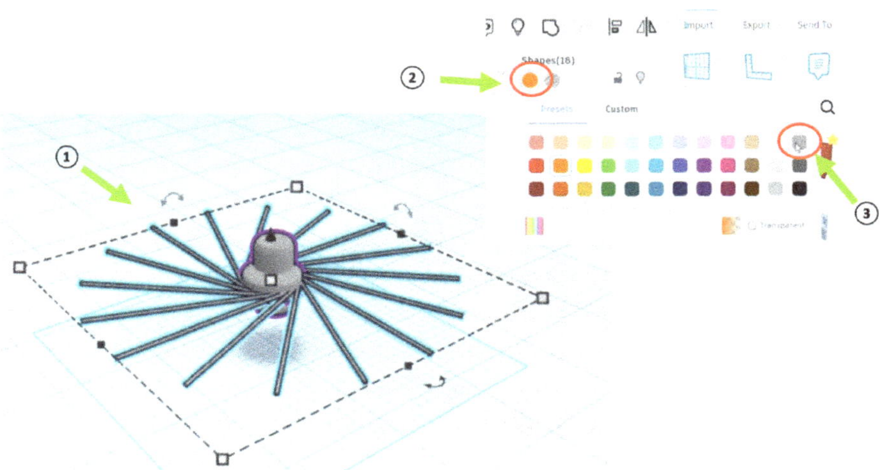

También puedes elegir algo más colorido o, por ejemplo, colorear de negro el cubo de la rueda, como hice yo en el paso siguiente (① y ②). A continuación, haz clic brevemente en el plano de trabajo para terminar de seleccionar los objetos. Después volví a mostrar el aro pulsando el comando "Show all" ③. Para este comando puedes pulsar alternativamente la combinación de teclas "CTRL+MAYÚS+H".

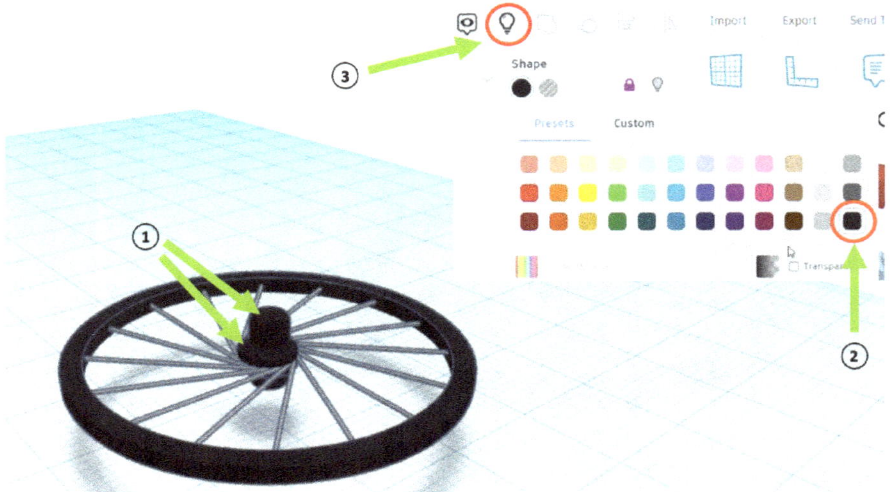

Para combinar todos los cuerpos creados hasta ahora en una rueda delantera, seleccionamos todos los objetos ① y elegimos el comando "Group" ②. También puedes utilizar la combinación de teclas "CTRL+G".

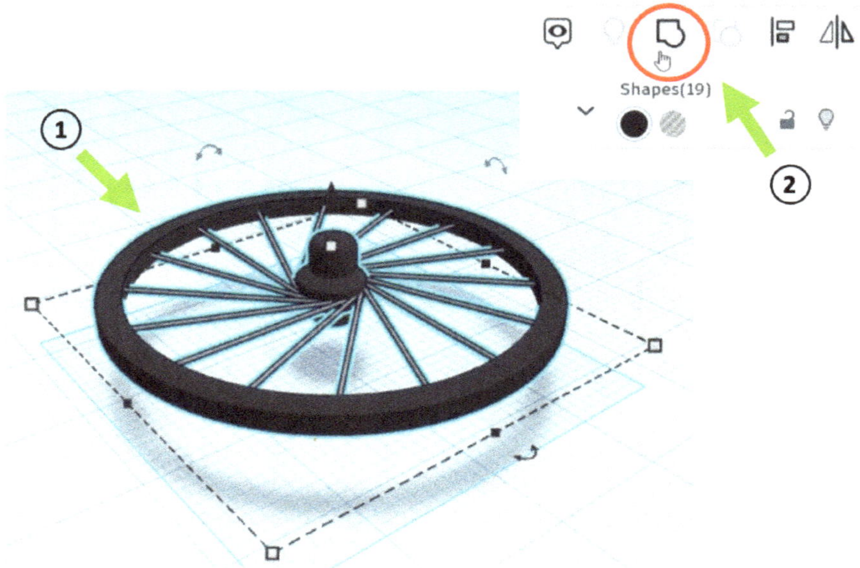

Ahora puedes observar que todos los objetos se muestran en un solo color. Para que los colores vuelvan a mostrarse por separado como deseamos, debemos activar la opción "Multicolor" en los ajustes de color. Para ello hay que seleccionar el objeto agrupado.

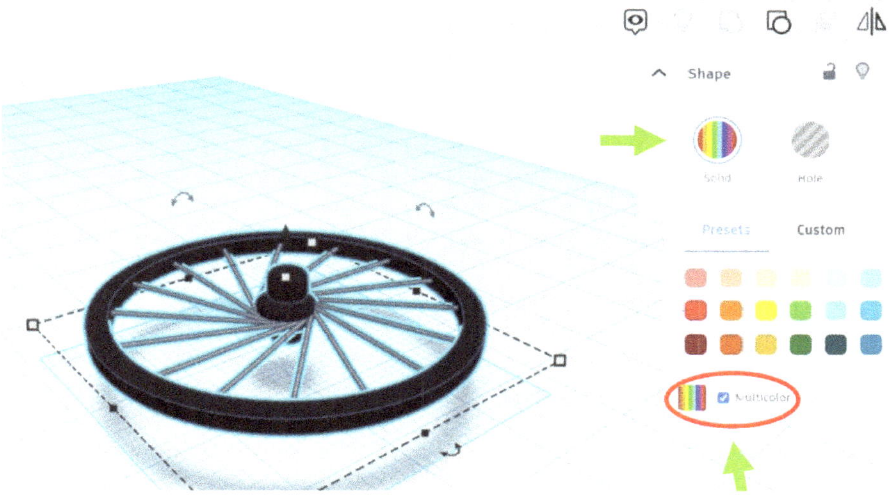

3.2 La horquilla delantera de la bicicleta

En este capítulo nos ocupamos de la horquilla delantera de la bicicleta. Para la creación de la horquilla de la rueda utilizamos una tubería curva como geometría inicial, que podemos encontrar con el término de búsqueda "pipe" ① en la biblioteca de formas de "Tinkercad". Hacemos clic previamente en el símbolo con la lupa para llegar a la entrada de búsqueda.

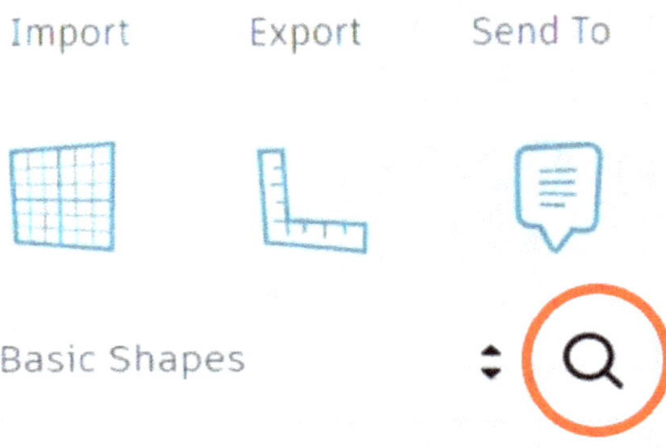

De los resultados de la búsqueda, selecciona el objeto que se parece un poco a un fideo de macarrones morado ② y colócalo en tu capa de trabajo mediante arrastrar y soltar.

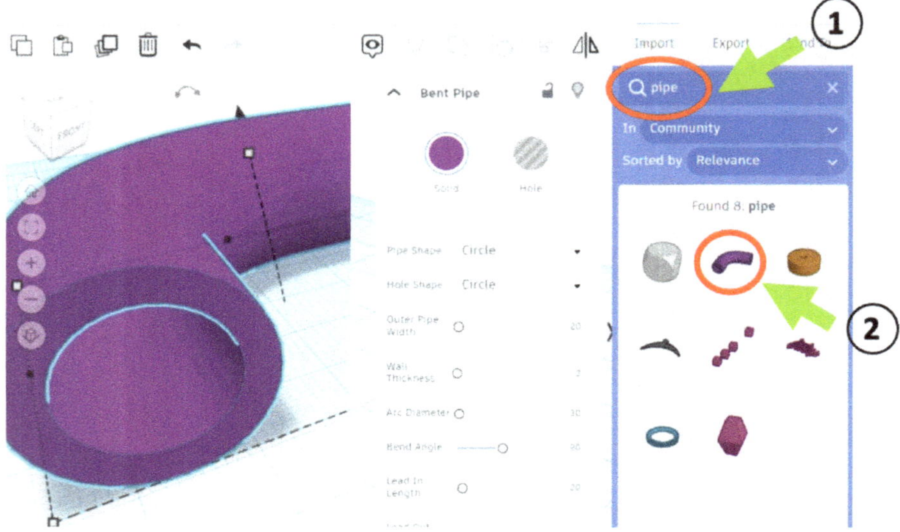

Para que el tubo curvado adopte la forma de nuestra horquilla delantera, cambiamos los valores preestablecidos del siguiente modo (marcados en rojo; de arriba abajo: 2, 99, 10, 180, 50, 50).

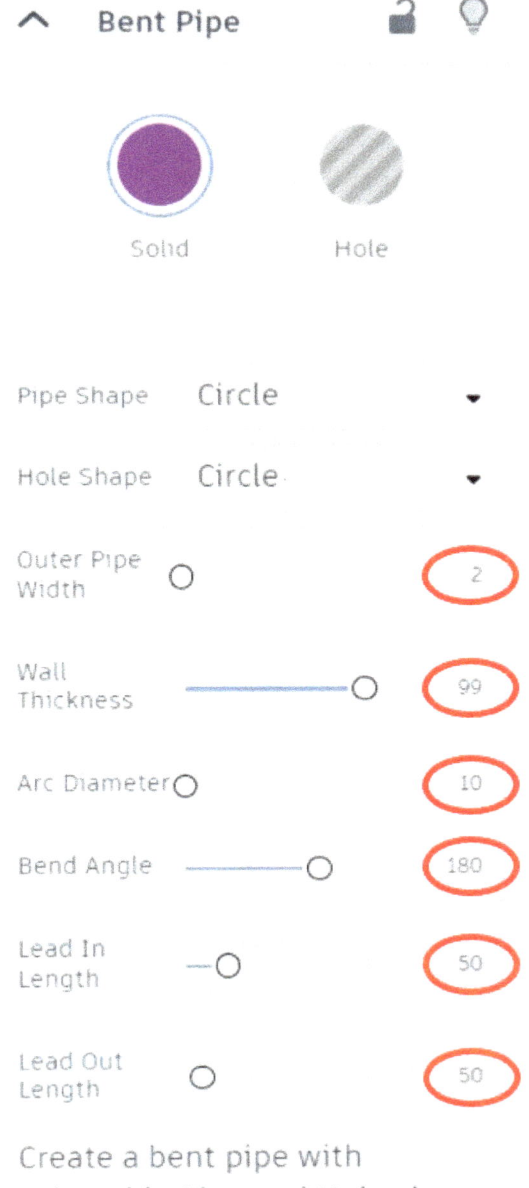

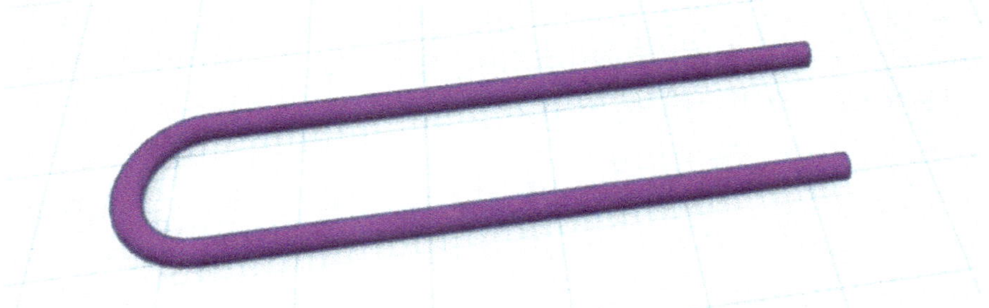

Ahora la horquilla delantera sigue siendo demasiado larga y ancha para nuestra bici. Por tanto, en el siguiente paso cambiamos la dimensión de anchura a 7,25 mm y la de longitud a 27,18 mm. Para ello, he hecho clic previamente en uno de los puntos de las esquinas.

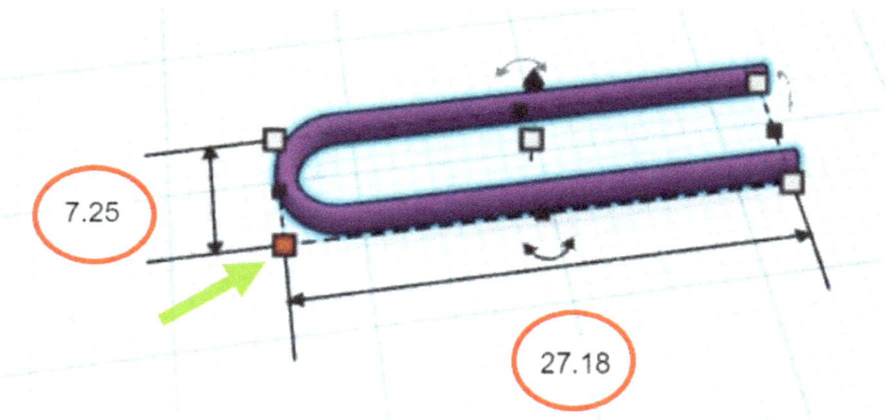

También cambiamos la altura de la geometría a 1,81 mm.

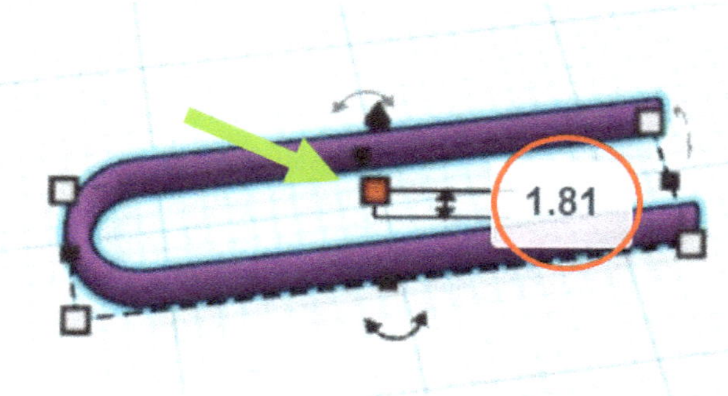

Eso fue bastante rápido, ahora ya podemos ocuparnos del montaje con la rueda. Lo haremos en el próximo capítulo.

3.3 Termina la rueda delantera y la rueda trasera de la bicicleta

Al principio del proyecto llamamos rueda delantera al objeto creado. Por supuesto, también podemos utilizar esta rueda delantera como rueda trasera al mismo tiempo; lo único que tenemos que hacer es crear una copia. Para no complicar la construcción más de lo necesario, esto también se aplica a la horquilla trasera, que crearemos a partir de dos horquillas delanteras. En los pasos siguientes crearemos primero la rueda trasera con la horquilla trasera. Lo haremos de la siguiente manera

En el primer paso conectamos la horquilla de la rueda con el cubo de la rueda. Para ello, giramos la rueda delantera 90° seleccionando el objeto y haciendo clic en una de las pequeñas flechas dobles.

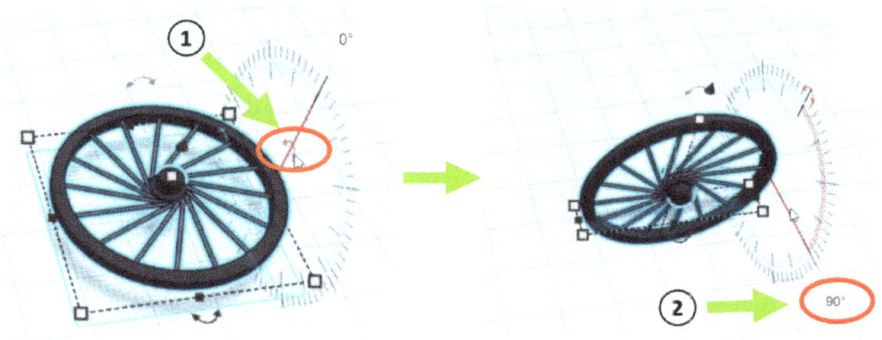

Para posicionar la horquilla de la rueda, seleccionamos ambos objetos, pulsamos la tecla "L" - esto selecciona el comando "Align" - y hacemos clic sucesivamente en los puntos de alineación indicados.

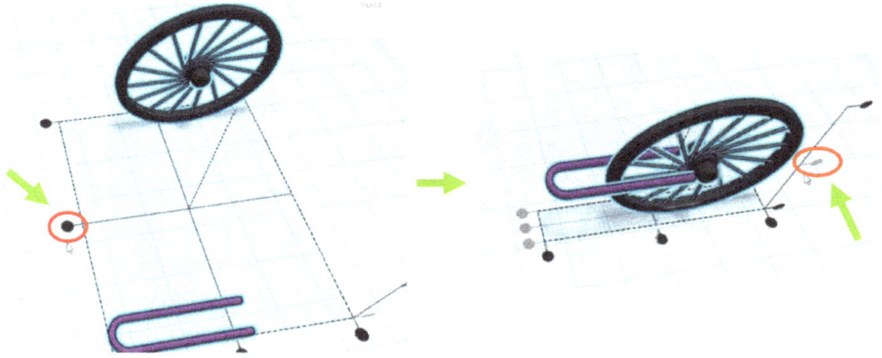

A continuación, empujamos la horquilla de la rueda un poco hacia el cubo de la rueda, de modo que la horquilla de la rueda se asiente aproximadamente en el centro del cubo de la rueda.

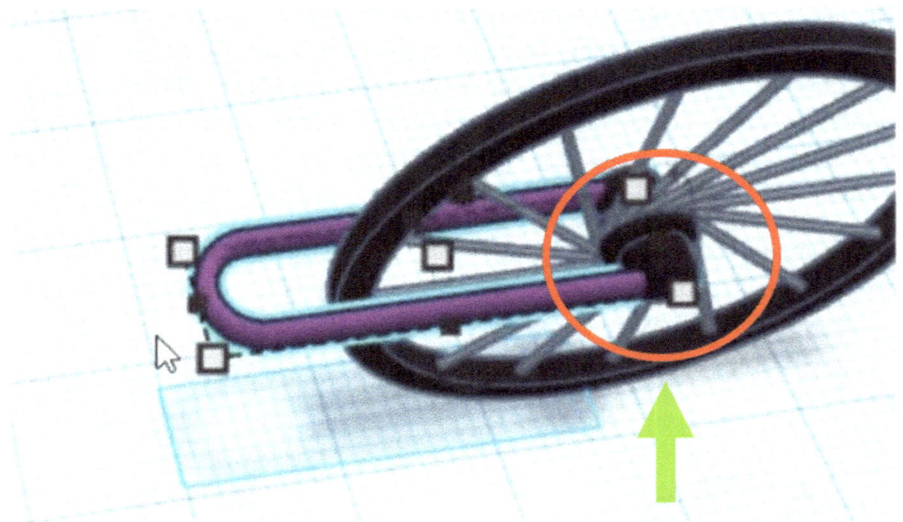

Para crear la segunda parte de la horquilla trasera, simplemente copiamos el tubo curvado seleccionándolo y pulsando "CTRL+D" (abreviatura de "Duplicate and repeat"). A continuación, giramos el objeto duplicado 45°.

A continuación, colocamos el objeto moviéndolo hacia arriba y hacia el centro, de modo que se asiente en el cubo de la rueda aproximadamente como se muestra.

Este objeto representa ahora nuestra rueda trasera con la horquilla trasera.

Para crear la rueda delantera, seleccionamos la rueda trasera, así como la parte inferior de la horquilla trasera (① y ②) y copiamos estos dos objetos con "CTRL+D".

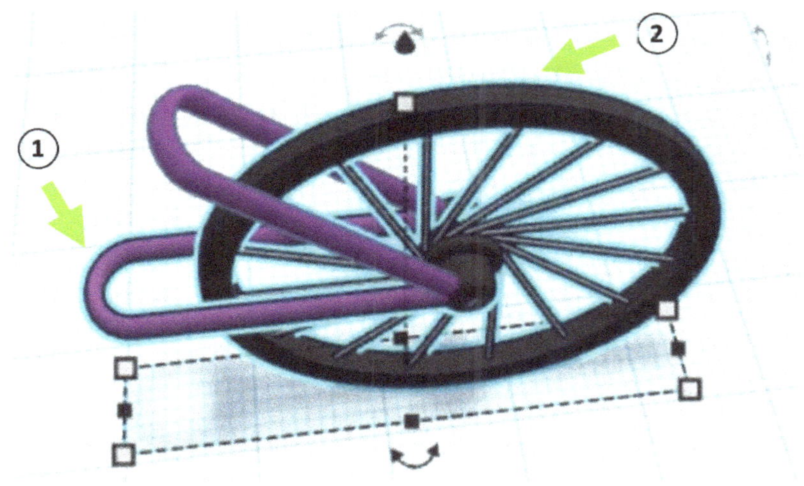

Inmediatamente después podemos mover los objetos duplicados hacia atrás con las teclas de flecha del teclado ① y acortar la longitud de la horquilla delantera a 22 mm ②.

3.4 Crea el cuadro de la bicicleta

Para el cuadro de la bicicleta, en este capítulo creamos unos puntales, que luego unimos entre sí.

Para el primer puntal necesitamos un elemento cilíndrico cuyas dimensiones laterales fijamos en 3,62 mm ① y cuya altura aumentamos a 36,25 mm ②. También ajustamos los valores de las opciones "Sides", "Bevel" y "Segments" ③ a sus respectivos máximos (64, 2,5, 10).

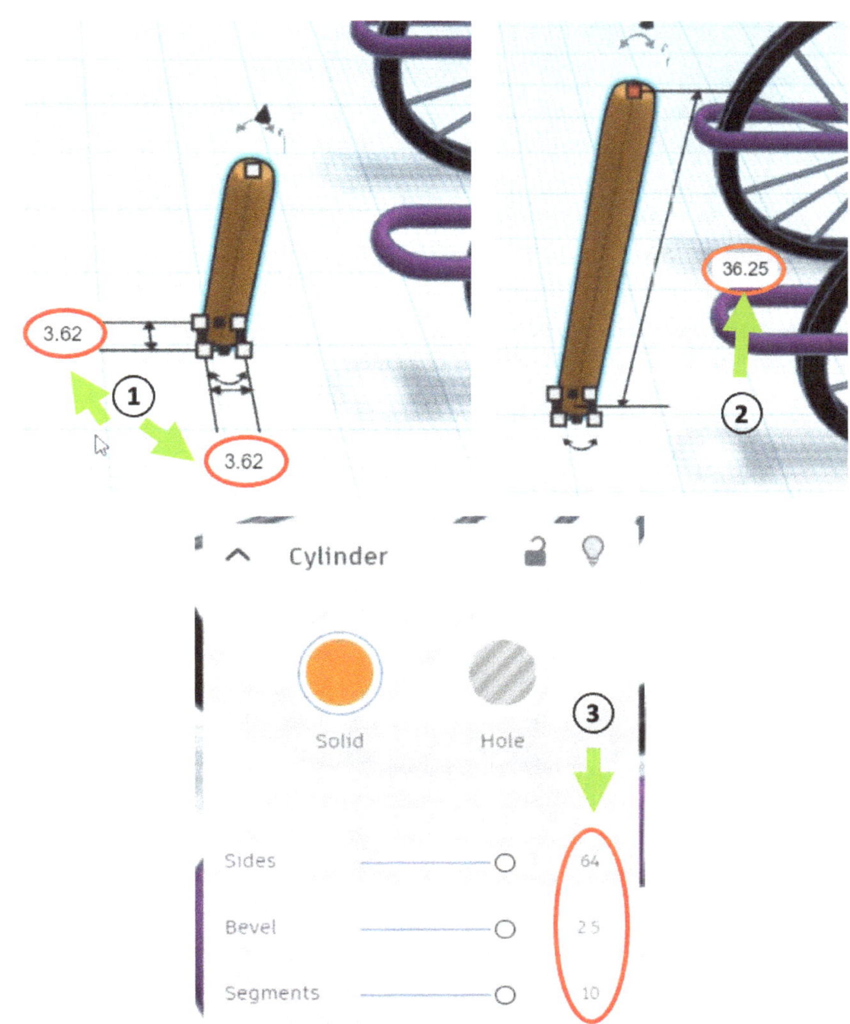

Ahora colocamos el puntal en la horquilla trasera marcando el puntal y la rueda trasera y pulsando el botón "L" (orden abreviada de "Align"). Seleccionamos uno de los puntos de alineación centrales ① y luego giramos el puntal 22,5° ②.

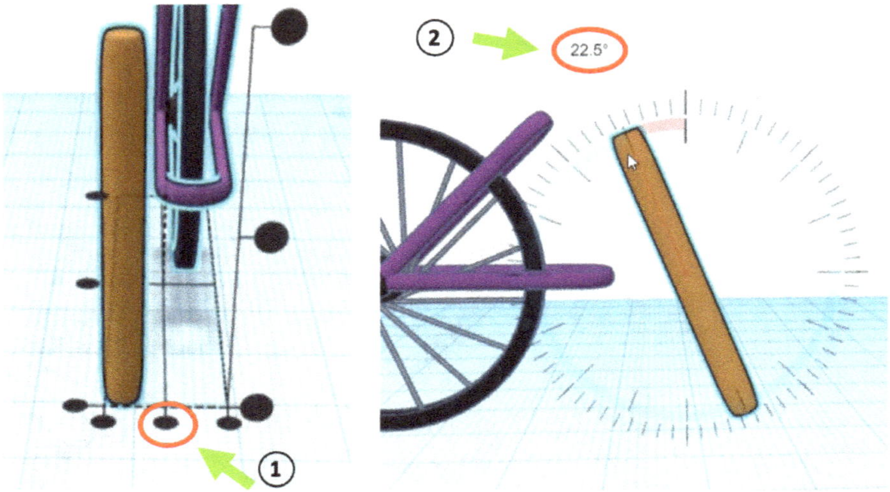

Luego movemos el puntal con las flechas del teclado o arrastrándolo con el ratón hasta la posición indicada.

Antes de crear el siguiente puntal, primero utilizamos el comando "Workplane tool" ① o pulsamos la tecla "W" como comando corto. A continuación, seleccionamos la superficie superior del puntal ②.

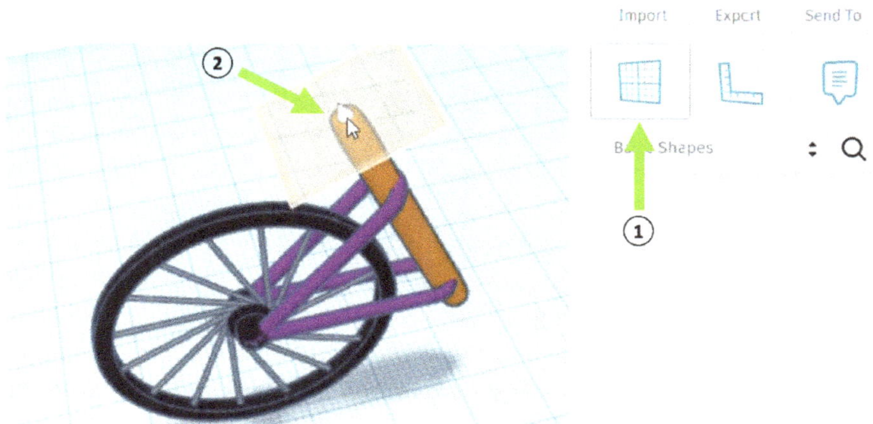

Ahora nuestro plano de trabajo está sobre el puntal. Esto nos ayuda a poder posicionar el siguiente puntal que creemos por duplicación (comando corto: "CTRL+D") con ayuda de la regla virtual. Veremos cómo funciona en un momento. Primero sigue la duplicación y un desplazamiento manual, como se muestra.

A continuación, utilizamos la regla virtual, que podemos activar con el comando "Ruler tool" ① o pulsando la tecla "R" (comando corto). Colocamos la regla en la parte superior del primer puntal ②. Esto hace que aparezca una escala bidimensional con medidas.

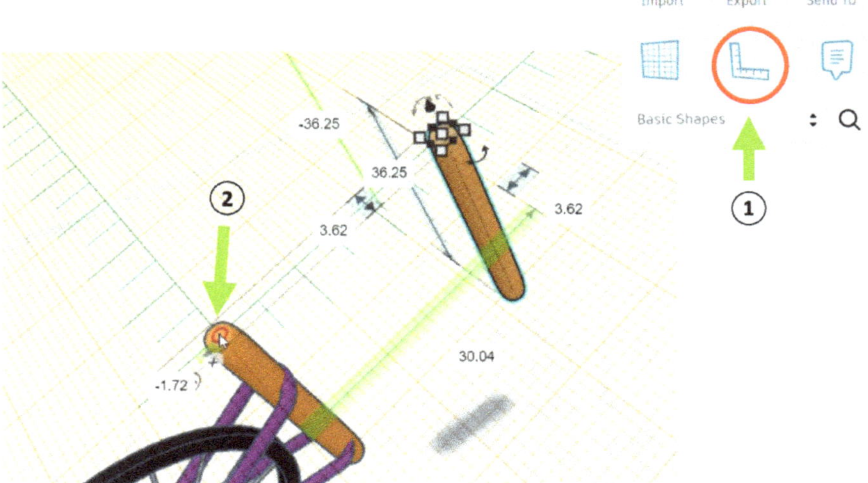

En el siguiente paso cambiamos la distancia entre los dos puntales a unos 41,96 mm moviendo el puntal delantero.

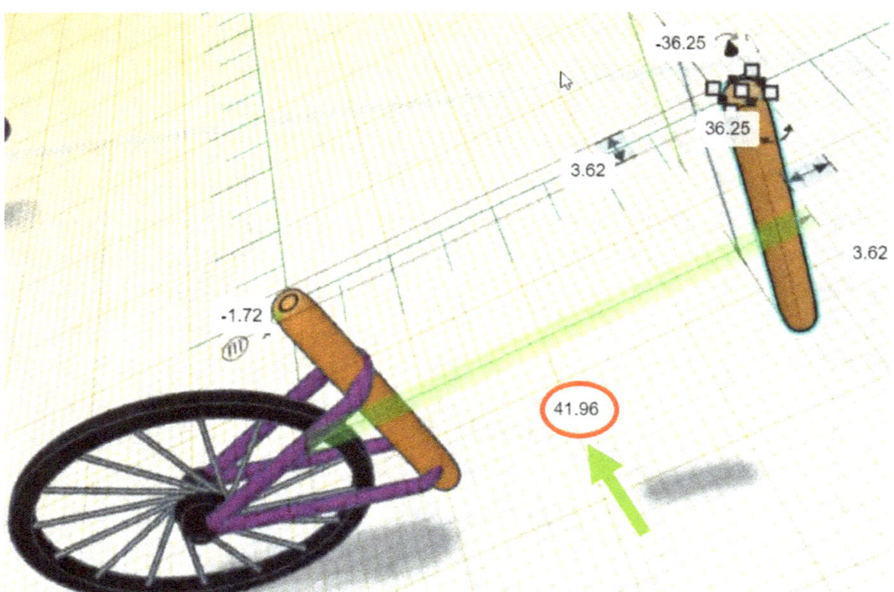

A continuación, acortamos el puntal delantero hasta una altura de unos 10,87 mm.

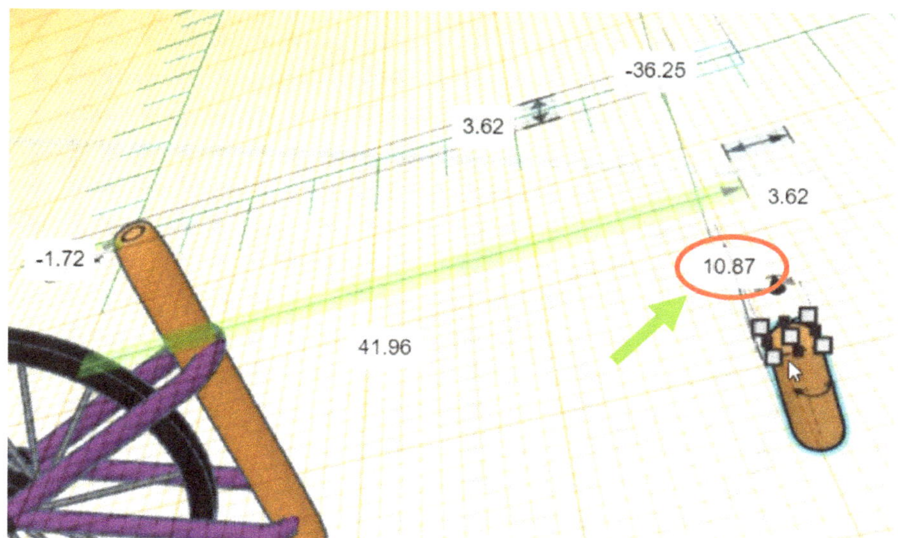

Y luego cambiamos la posición vertical del puntal a -18,12 mm para que se coloque un poco más arriba.

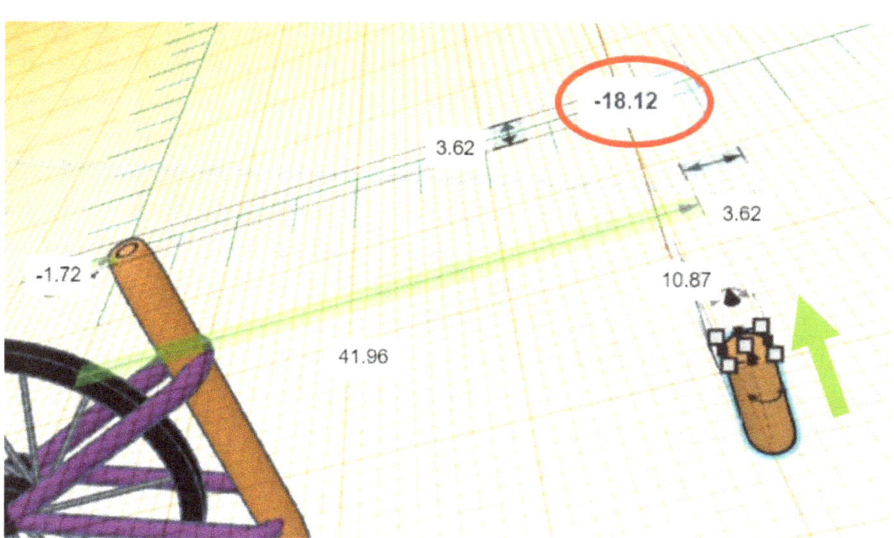

A continuación, duplicamos -con el comando: "Duplicate and repeat" - una vez más el puntal ① que creamos al principio y lo giramos 90° ②.

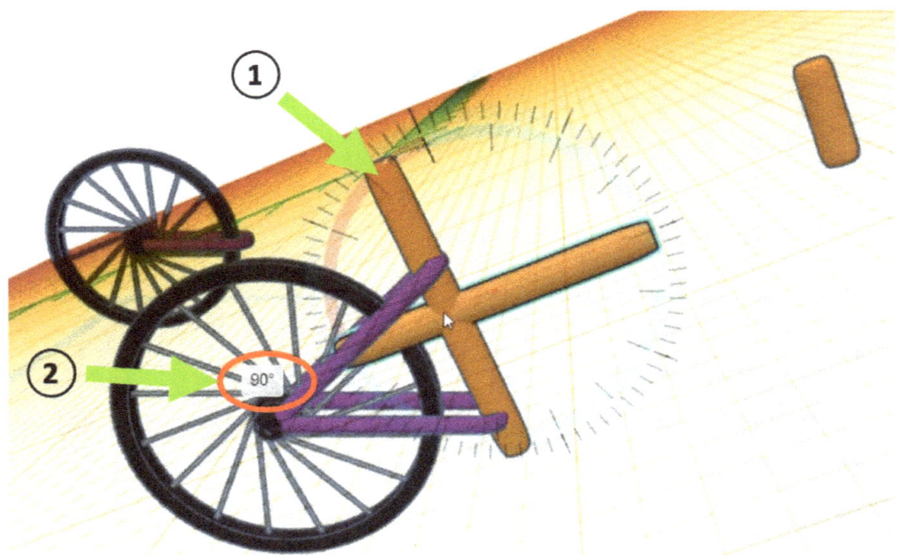

Inmediatamente después movemos este puntal hacia la derecha y hacia arriba y lo extendemos por el lado derecho para que quede en la posición mostrada. También aumentamos la anchura de 3,62 mm a 4,00 mm.

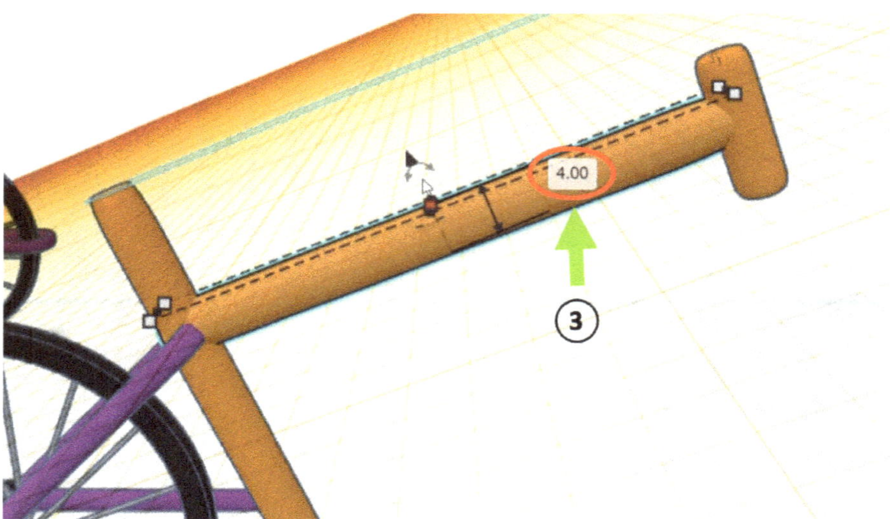

Después duplicamos el puntal horizontal ("CTRL+D"), lo giramos 22,5° y también lo movemos a la posición deseada.

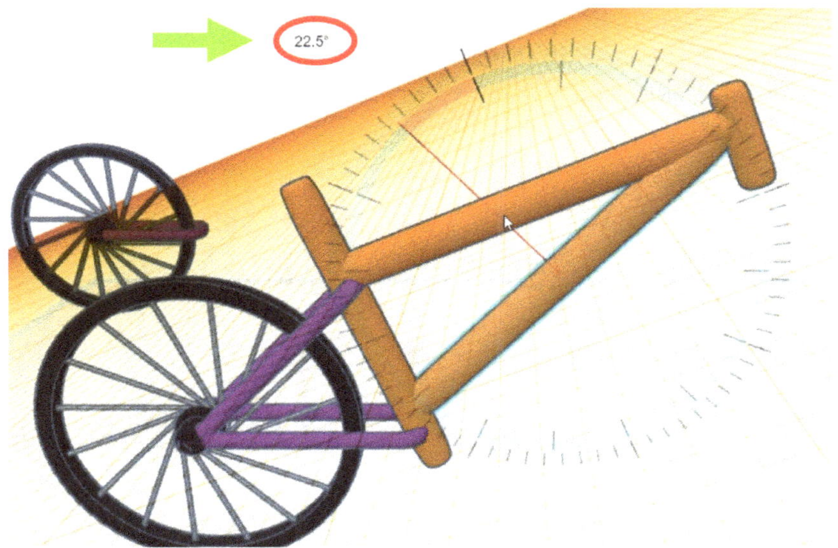

Ahora la moto está todavía un poco demasiado alta en la parte delantera, así que la giramos -10° (lo marcamos todo) y luego la colocamos en nuestro plano de trabajo pulsando el botón "D". La rueda trasera debe tocar entonces el plano de trabajo.

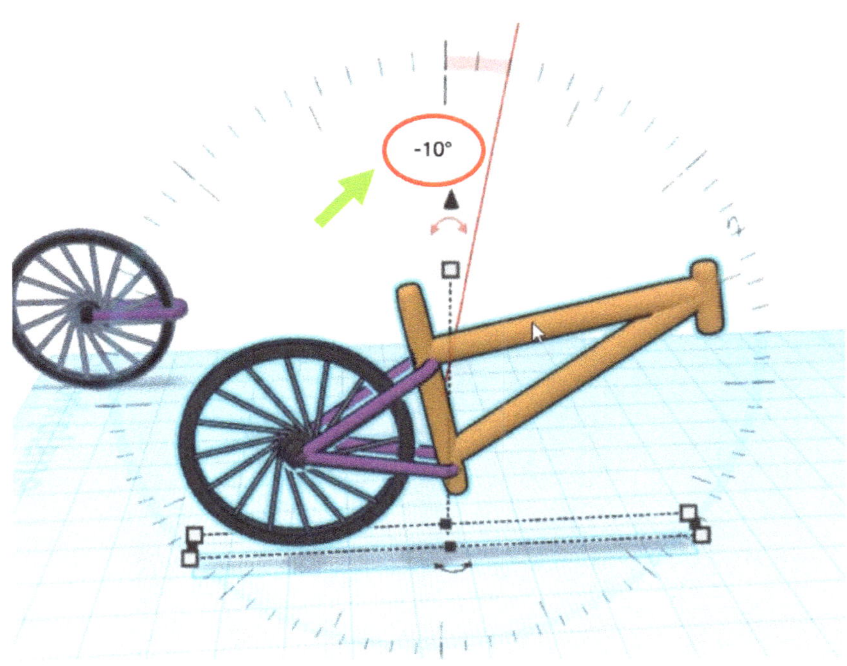

A continuación, movemos y giramos la rueda delantera de modo que la horquilla delantera apunte hacia arriba, como se muestra, y la rueda delantera quede debajo del cuadro de la bicicleta.

Con ayuda del comando "Align" (comando abreviado: "L") nos aseguramos entonces de que la rueda delantera también se coloca centrada en la bicicleta. Para ello, selecciona primero todos los objetos y después el punto de alineación indicado.

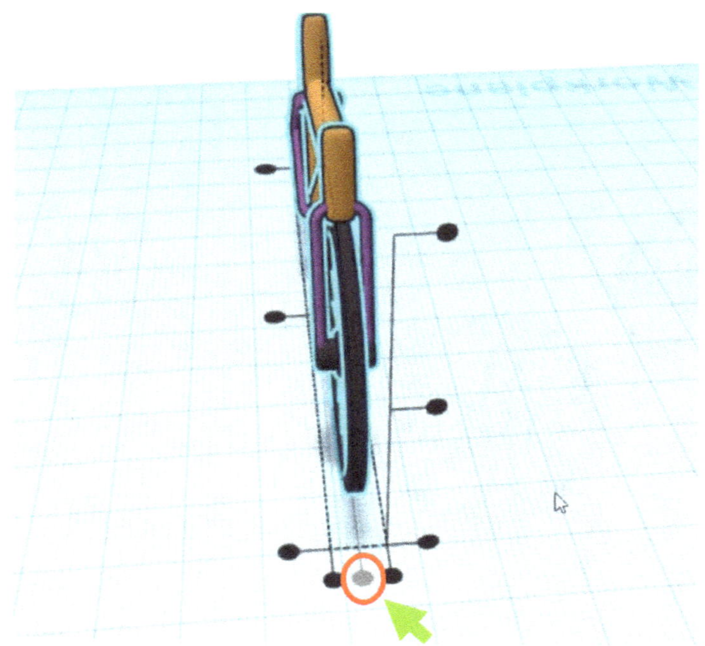

Ahora hacemos algunos cambios en la horquilla de la rueda delantera para poder montar también el manillar en la bici más adelante. Para ello, colocamos el plano de trabajo con el comando corto "W" en la parte inferior ① de la horquilla de la rueda delantera (haz clic). Luego podemos acortar un poco la horquilla arrastrándola, concretamente hasta unos 20 mm ②. Para ello he ocultado la rueda delantera.

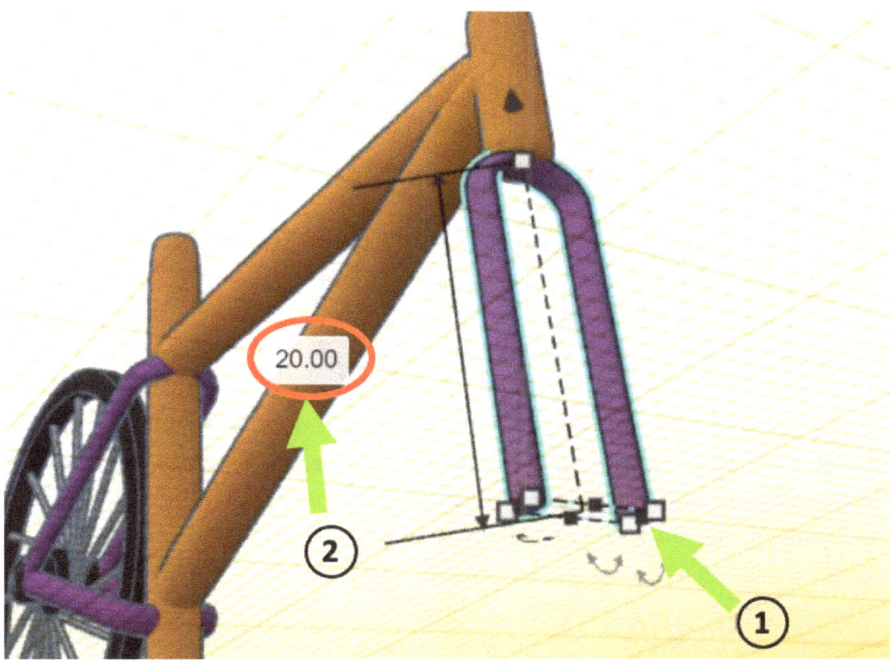

A continuación, duplicamos ("CTRL+D") el llamado tubo de dirección del cuadro de la bicicleta ① y cambiamos las dimensiones del duplicado a 2,5 mm de ②.

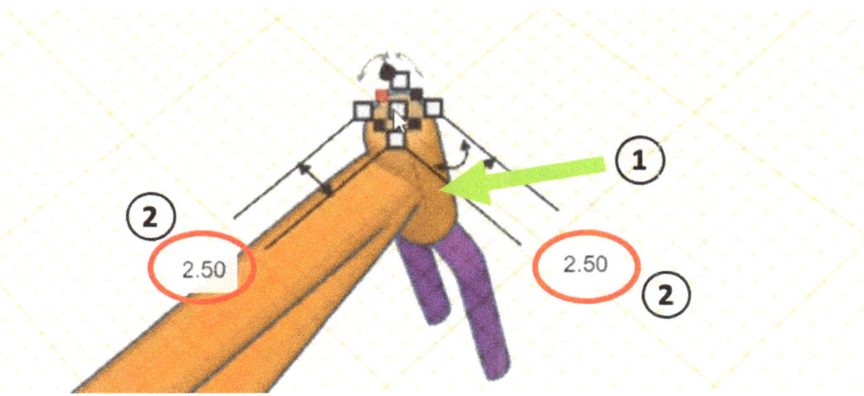

También cambiamos la longitud del objeto duplicado a 14,87 mm.

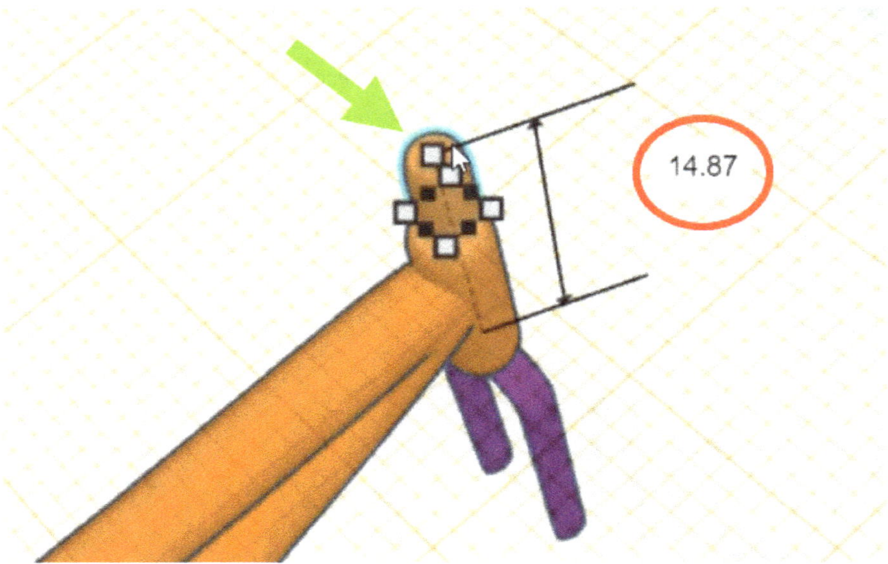

Por último, nos aseguramos de que el objeto duplicado está centrado en el tubo de dirección. Para ello, seleccionamos los dos objetos ①, pulsamos el botón "L" y hacemos clic en los puntos de alineación ② y ③ que se muestran. Puede que tengas que mover un poco hacia abajo la horquilla de la bicicleta para que quede colocada como se muestra.

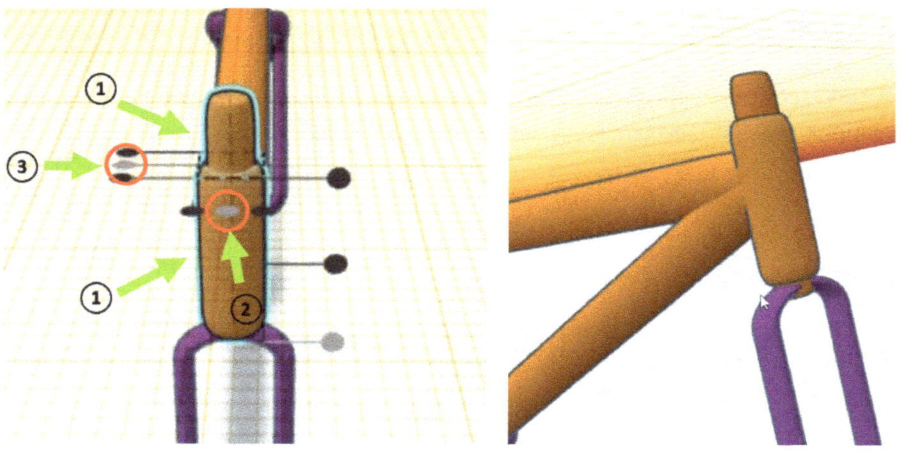

Antes de continuar con el manillar de la bicicleta, podemos proteger los objetos de posteriores ediciones y cambiar los colores. Para ello, seleccicnamos primero la rueda trasera ① y cerramos el pequeño candado de la zona superior derecha ②. A continuación, hacemos lo mismo con la rueda delantera (no se muestra).

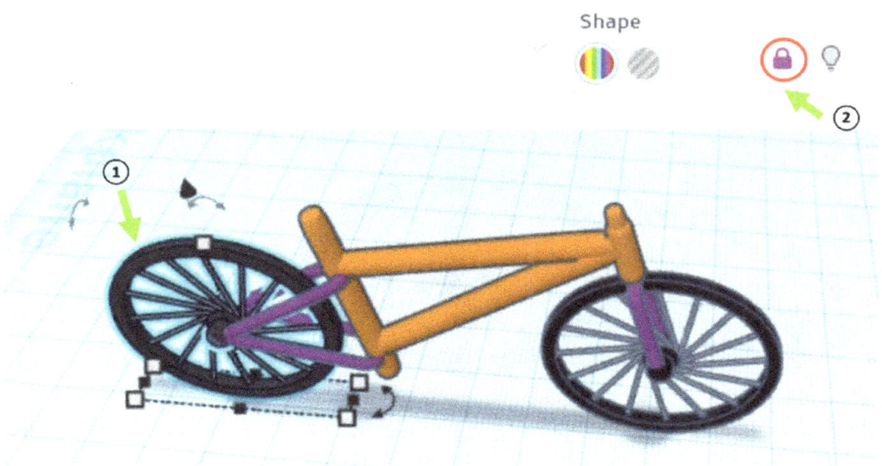

Cambiamos el color del cuadro de la bicicleta seleccionando todos los objetos y utilizando un tono que nos guste.

También he cambiado el color de la pieza a la que luego fijamos el manillar.

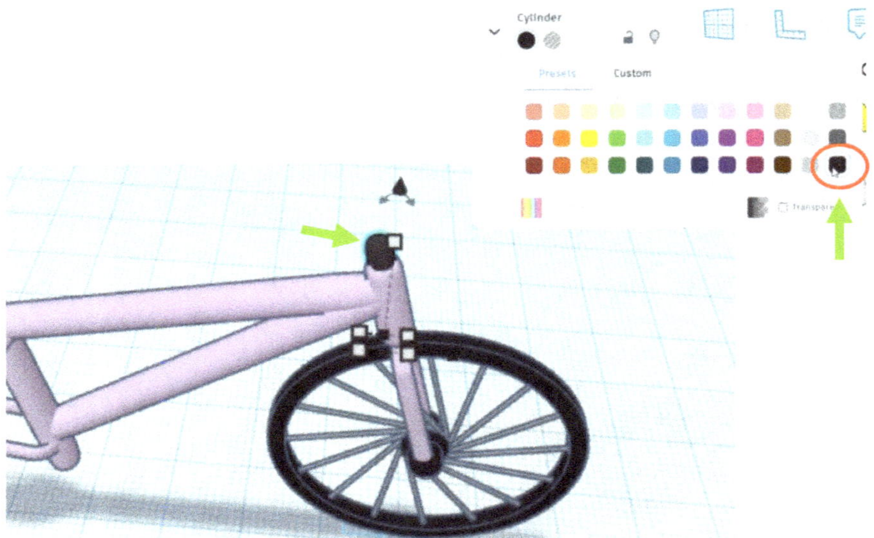

Ahora ya hemos llegado muy lejos, ¡hasta ahora todo impecable! Pronto podremos terminar el proyecto, sólo faltan el manillar, el pedalier y los pedales, así como el sillín de la bici. ¡Sigamos adelante!

3.5 Crea el manillar de la bicicleta

Para el manillar, partimos de un elemento cilíndrico ① cuyas dimensiones ② (L= 19, W= 1,81, H= 1,81) y forma (③ y ④) se modifican como se muestra.

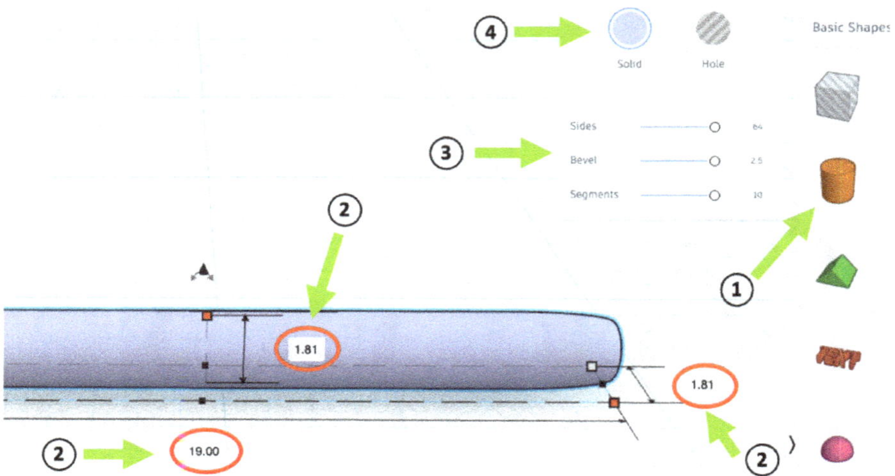

Para el resto de la geometría, duplicamos el objeto que acabamos de crear, lo movemos un poco hacia arriba y cambiamos la longitud a 9 mm ①. Luego lo movemos ligeramente hacia la izquierda ② y lo duplicamos de nuevo ③. Tras una rotación de 45° ③ colocamos los tres objetos como se muestra ④. Así tenemos nuestro manillar y uno de los puños del manillar. Como puedes ver, también he coloreado de negro el puño del manillar.

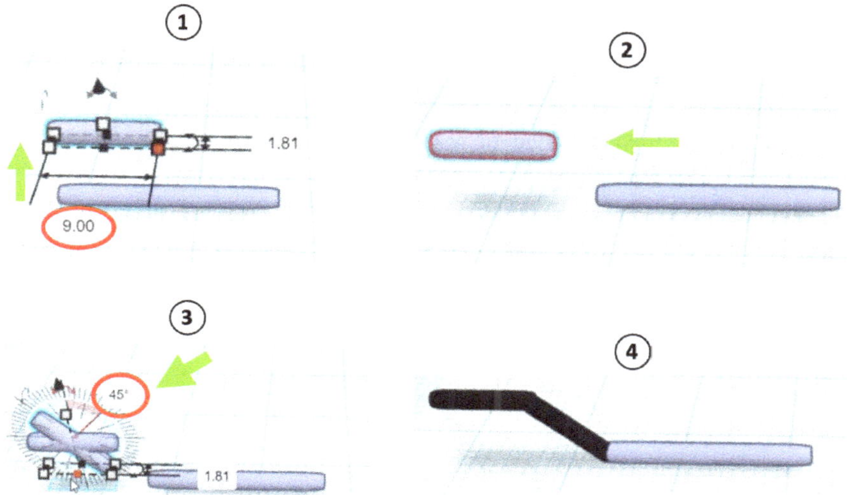

Para obtener también un asa en el otro lado del manillar, podríamos volver a hacer el mismo procedimiento. Sin embargo, es mucho más rápido duplicar primero la parte del asa ① y luego reflejarla con el comando "Mirror" (② y ③).

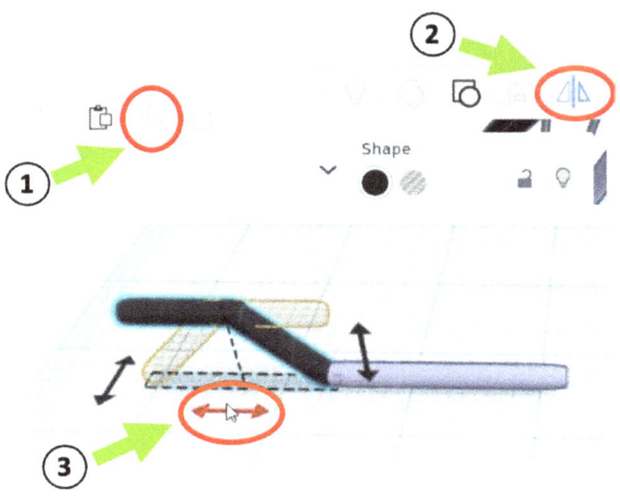

Luego simplemente movemos el asa duplicada y reflejada al otro lado.

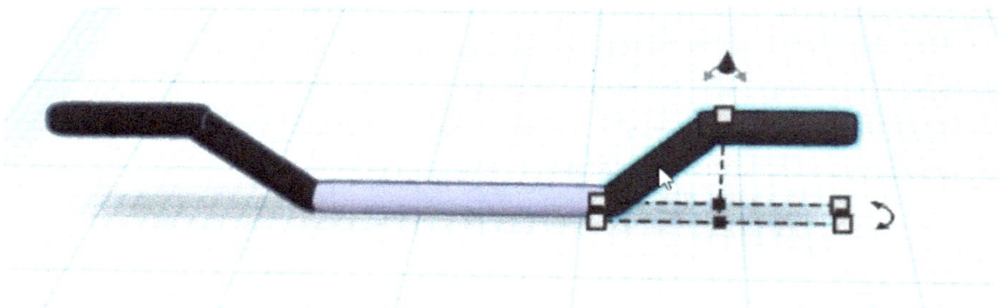

Para poder fijar después el manillar a la bicicleta, necesitamos ahora un cuerpo en el centro del manillar en el penúltimo paso. Lo creamos duplicando la parte central (azul claro) y cambiando las dimensiones como sigue. Primero cambiamos la longitud de la pieza duplicada a unos 12 mm ①, la altura a 2 mm ② y también la anchura a 2 mm ③. Por último, acortamos la longitud a 5 mm ④ para que el objeto quede aproximadamente en el centro y lo coloreamos de negro ⑤.

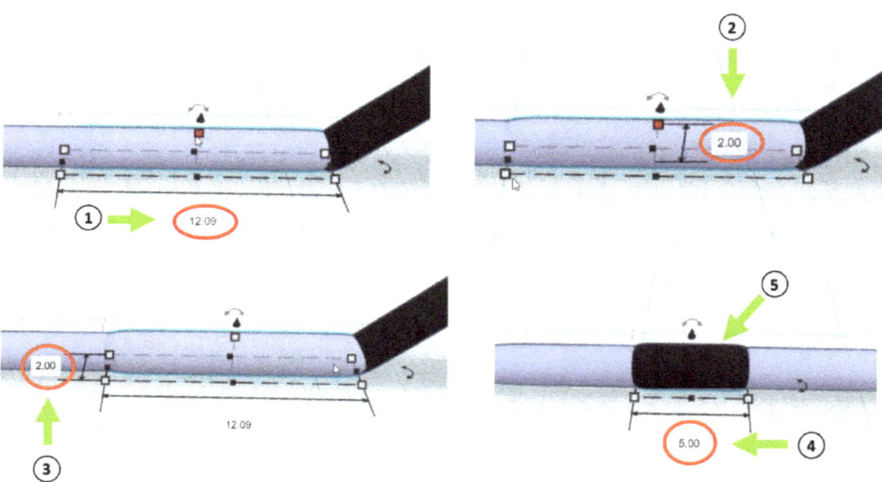

Para completar la parte central del manillar, duplicamos de nuevo la varilla azul claro del manillar, la giramos 90º ① y la acortamos 4 mm ②. El objeto duplicado debe quedar aproximadamente como se muestra ③. A continuación, podemos colorearlo también de negro.

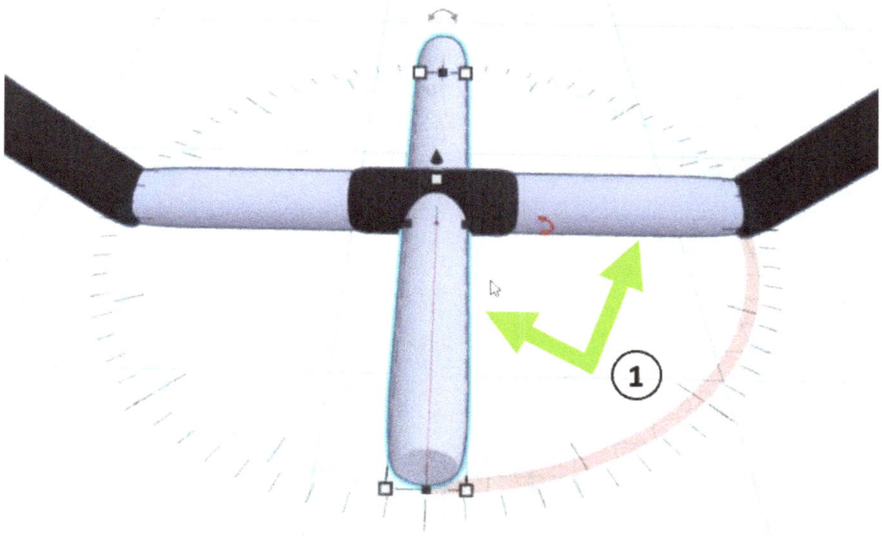

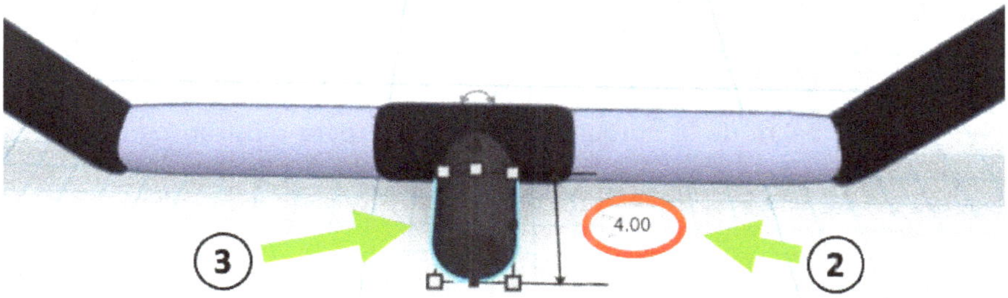

Para que la parte negra central quede concéntrica con el manillar (azul claro), marcamos las dos partes ("Tecla Mayúsculas" pulsada) ① y pulsamos la tecla "L" para el comando "Align". A continuación, hacemos clic sucesivamente en el manillar azul claro ② y en los puntos de alineación indicados ③ y ④.

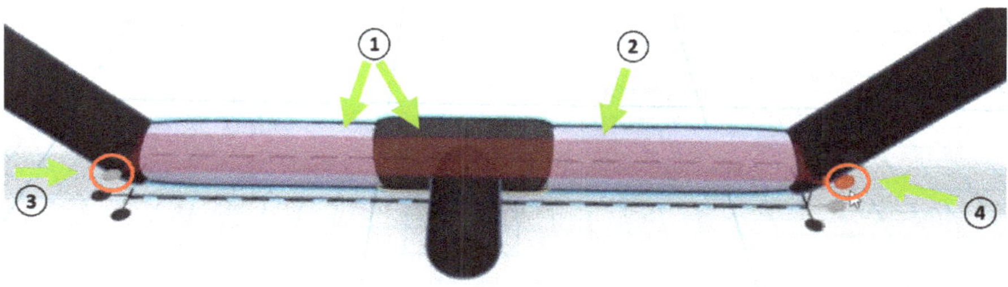

¡Ahora nuestro manillar está listo! Antes de montarlo en la bici, agrupamos todos los objetos. Para ello, seleccionamos todas las piezas ①, pulsamos el atajo de teclado "CTRL+G" o seleccionamos el comando haciendo clic en el botón ② y marcamos la opción "Multicolor" (③ y ④) en los ajustes para que se mantengan todos los colores.

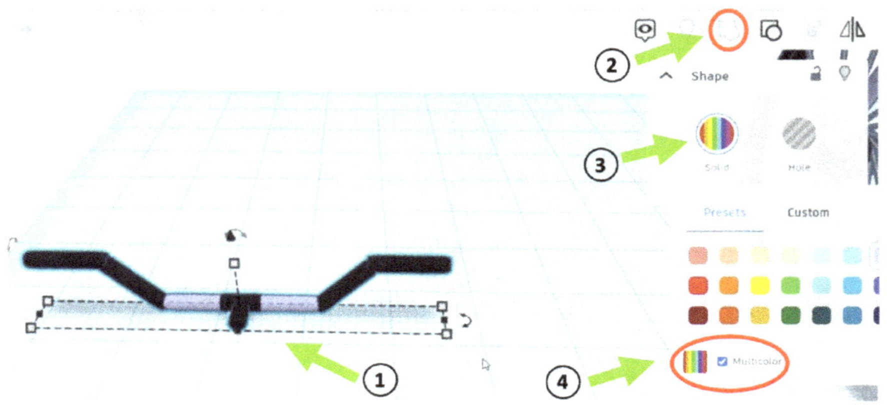

Para montar el manillar, en el primer paso seleccionamos tanto el manillar ① como la parte negra de la horquilla delantera ② y pulsamos el comando corto "L" (para el comando "Align"). A continuación, en el segundo paso, volvemos a pulsar sobre la parte negra de la horquilla delantera ③ para mostrar los puntos de alineación correctos.

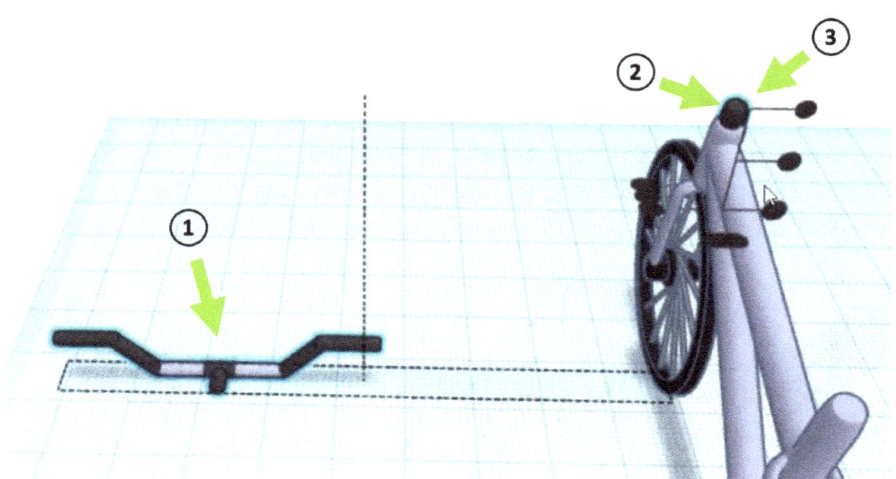

A continuación, hacemos clic en los puntos de alineación mostrados, uno tras otro, para que el manillar se sitúe centrado en la zona delantera de la bicicleta.

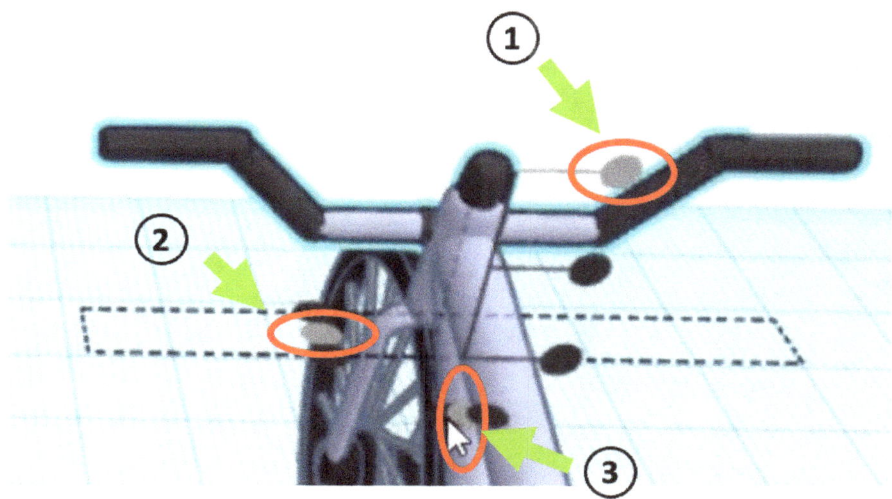

Por último, tenemos que subir un poco el manillar.

¡Perfectamente hecho! Hemos completado otra parte de este proyecto. Sigamos con el eje de pedalier y los pedales, ¡pronto tendremos la bici completamente terminada!

3.6 El pedalier y los pedales de la bicicleta

En este capítulo creamos el eje de pedalier y los pedales de la bicicleta. Para la caja del pedalier creamos un cuerpo cilíndrico ① cuya altura y longitudes laterales deben ser de 7,25 mm cada una ②. Como suele ocurrir, también ajustamos los parámetros "Sides", "Bevel" y "Segments" ③ a los valores máximos (64, 2,5, 10). Por último, cambiamos el color ④.

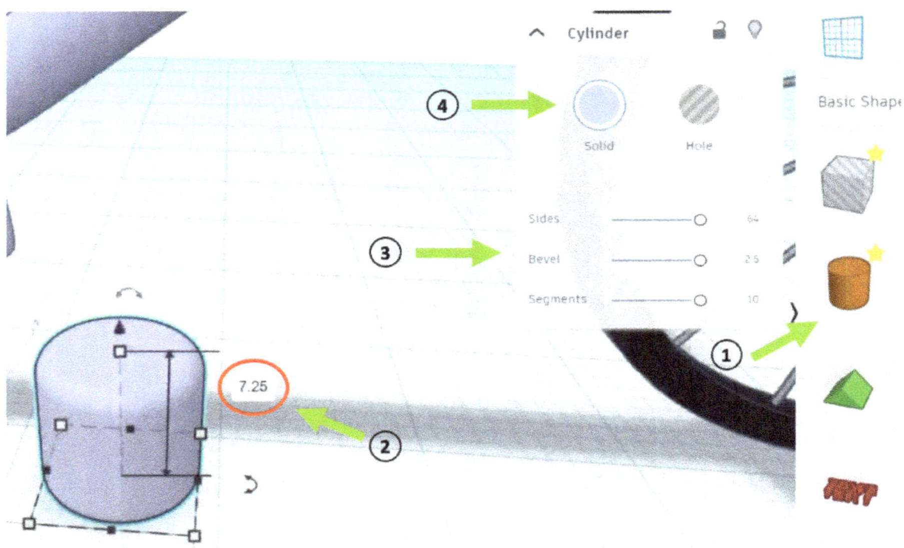

A continuación, giramos este objeto 90° y lo colocamos centrado en la zona inferior del cuadro de la bicicleta (mueve el objeto y utiliza el comando "Align").

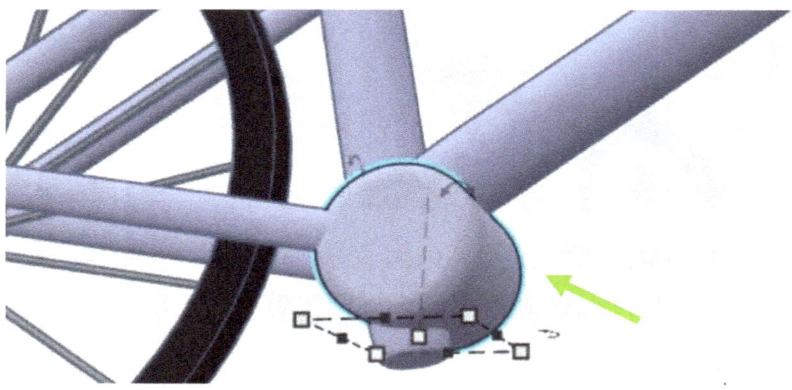

Se observa que el cuadro de la bicicleta todavía sobresale un poco en la zona inferior. Ahora nos gustaría eliminar este saliente. ¿Cómo podríamos hacerlo? Primero inténtalo tú mismo, la solución vendrá enseguida.

-- He aquí la solución: --------------------------------------

Colocamos nuestro plano de trabajo en la superficie inferior de la parte saliente utilizando el atajo "W" y luego podemos acortarlo fácilmente arrastrando el saliente hacia arriba con el ratón.

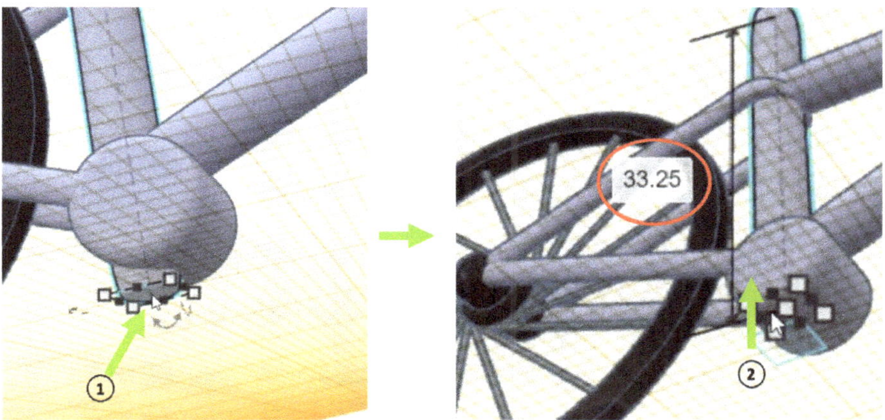

Ahora seguimos con el pedalier y los pedales, que colocaremos en la caja del pedalier.

Primero creamos el eje de pedalier a partir de un objeto cilíndrico de color negro. Las dimensiones son: Anchura = 4 mm, Altura = 4 mm y Longitud = 9 mm.

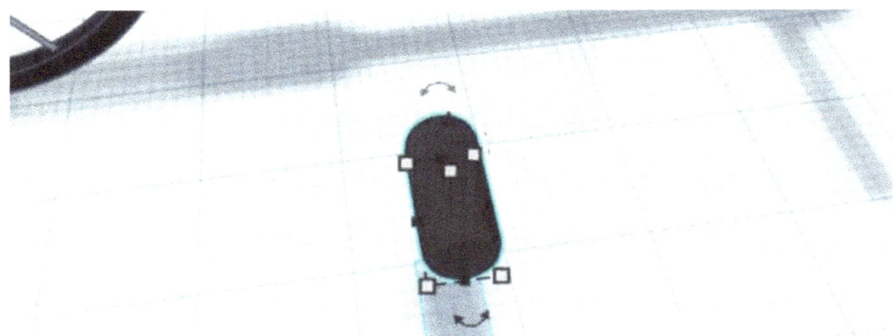

Después duplicamos este objeto y cambiamos la longitud del duplicado a 11 mm y su altura y anchura a 1,81 mm cada una.

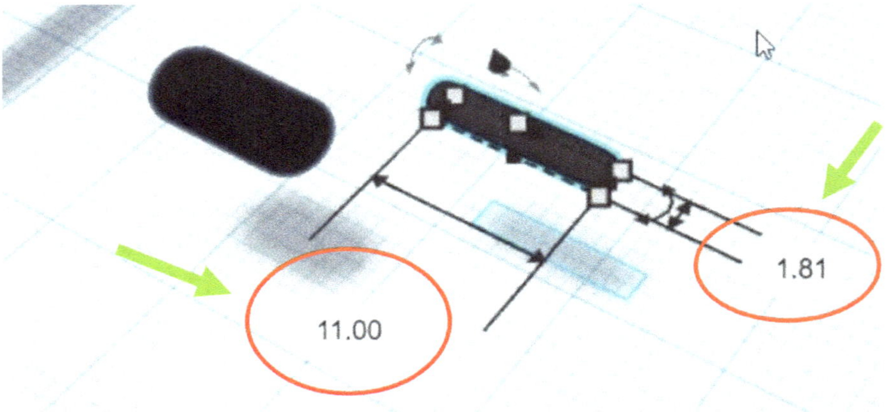

A continuación, duplicamos y movemos esta parte dos veces para obtener el objeto que se muestra, que es nuestra manivela de pedal.

Tras un giro, podemos conectar esta biela de pedal al eje de pedalier centrado.

Ahora sólo faltan los dos pedales. Creamos los pedales a partir de una geometría cúbica ("Dice"). Podemos encontrar esta geometría en la biblioteca de formas ①.

Para crear nuestro pedal, cambiamos las dimensiones del cubo a 10 mm para la longitud, 4 mm para la anchura y 2 mm para la altura de ②.

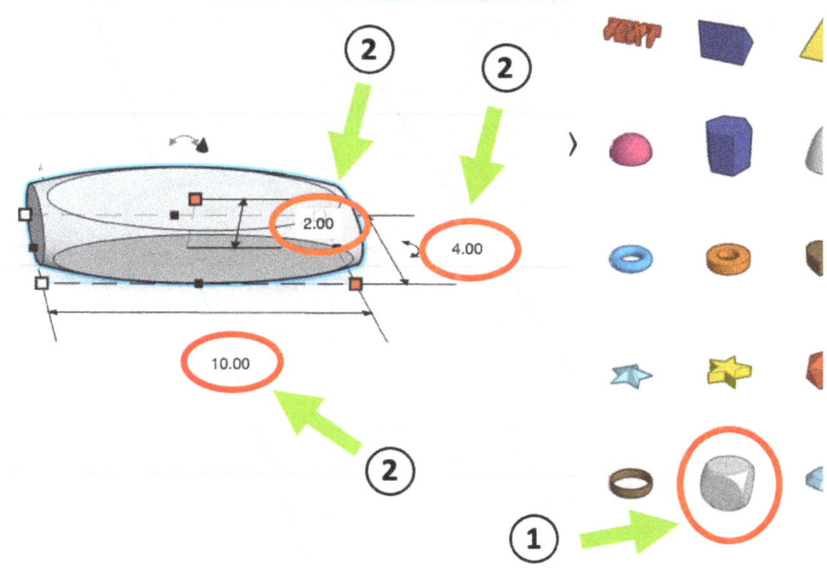

Tras una rotación y un desplazamiento, podemos colocar el primer pedal.

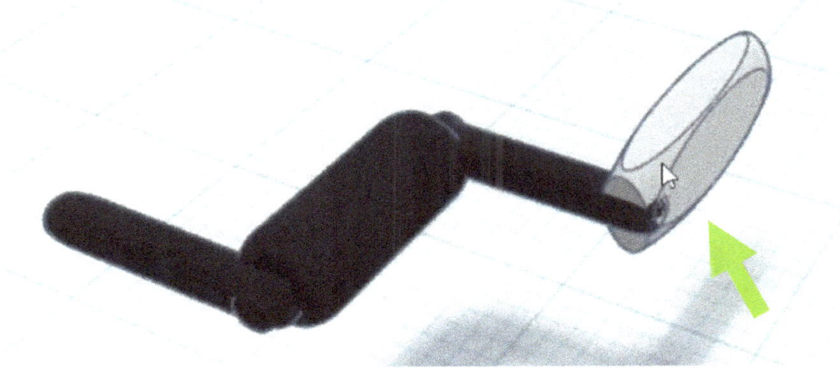

Luego duplicamos el primer pedal y lo movemos al otro lado para obtener el segundo pedal. También agrupamos el pedalier, la biela y los pedales seleccionando todas las piezas y utilizando el atajo "CTRL+G". Recuerda activar la opción "Multicolor" para mantener los diferentes colores.

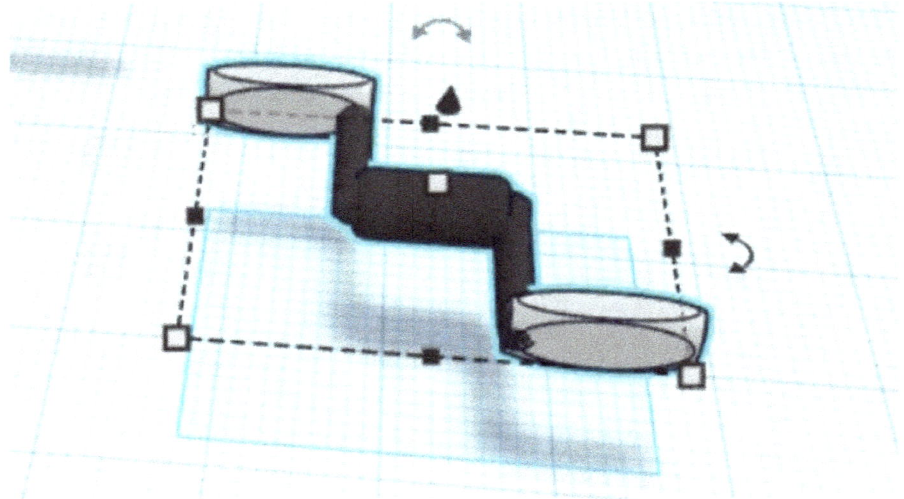

Por último, tenemos que instalar el grupo pedalier en la bicicleta. Lo posicionamos con el comando corto "L" (comando "Align"). Para ello, primero marcamos el grupo de pedalier ① (tecla Mayúsculas pulsada) y la caja del pedalier ②. Después de pulsar la tecla "L", volvemos a hacer clic en la caja del pedalier ③ para que aparezcan los puntos de alineación correctos. Ahora seleccionamos cada uno de los puntos de alineación centrales ④.

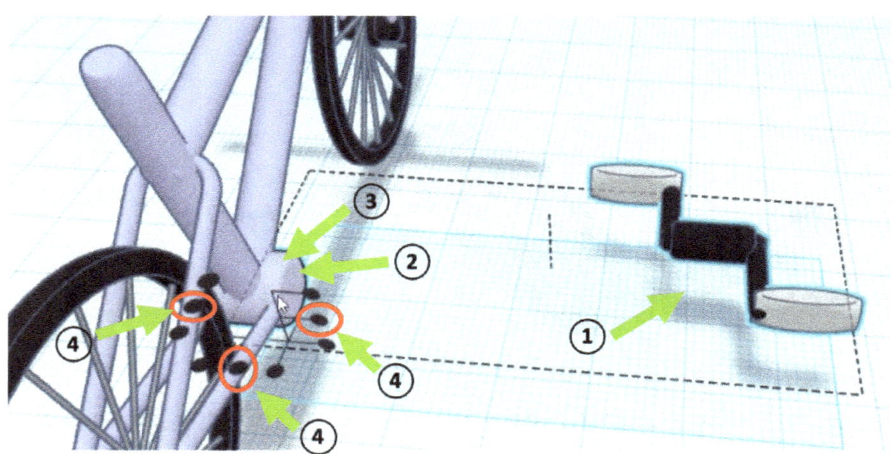

¡Sólo falta el sillín para la bici y habremos completado el proyecto! Permanece atento, ¡ya casi está!

3.7 El sillín de la bicicleta

Creamos el sillín de bicicleta con el objeto básico "Paraboloid" ① de la biblioteca de formas. Después de girar el objeto ② 90°, tenemos que realizar algunos pasos más.

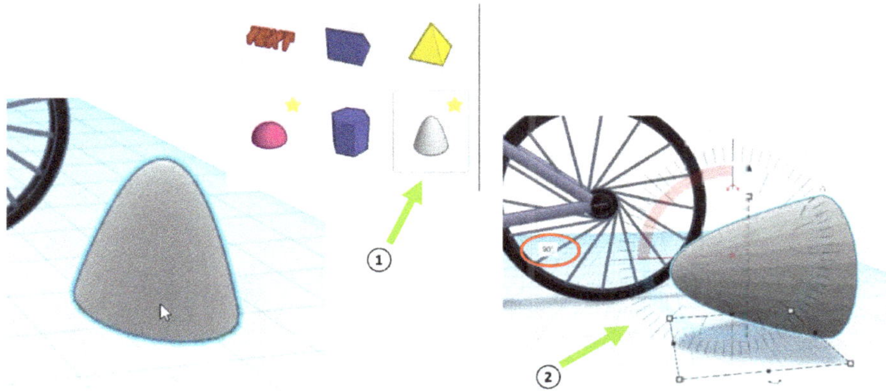

Primero, cambiamos la altura del objeto girado a 7 mm ① y segundo, duplicamos la pieza y arrastramos el duplicado ② hacia atrás con el ratón en la dirección de la flecha naranja ③. A continuación, cambiamos la anchura de ambos objetos a 15 mm ④.

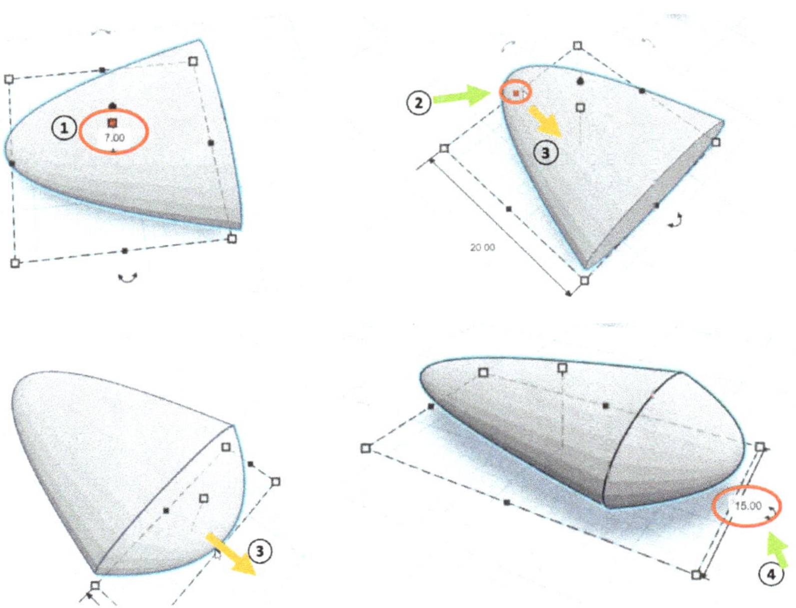

A continuación, duplicamos la pieza y eliminamos la parte inferior de la montura ajustando el objeto duplicado a "Hole", moviéndolo 1 mm hacia abajo y agrupando ambos objetos ("CTRL+G").

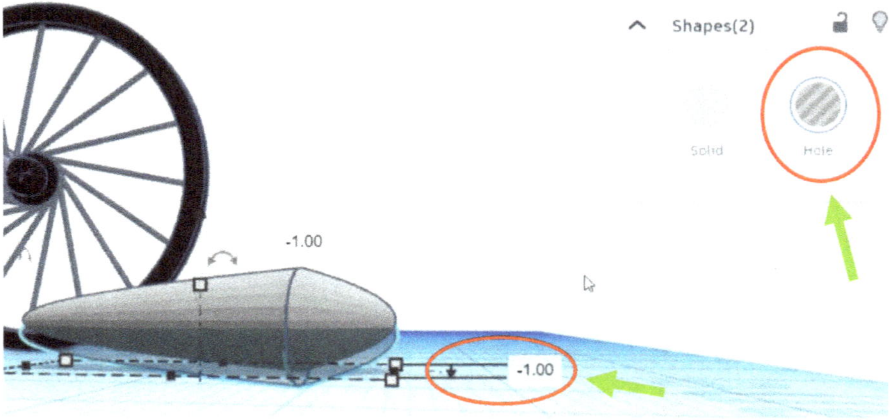

La silla me ha quedado un poco grande, así que vuelvo a cambiar un poco las dimensiones del objeto agrupado. Acorto la longitud a 20 mm y la anchura a 12 mm. La altura se mantiene en 4 mm.

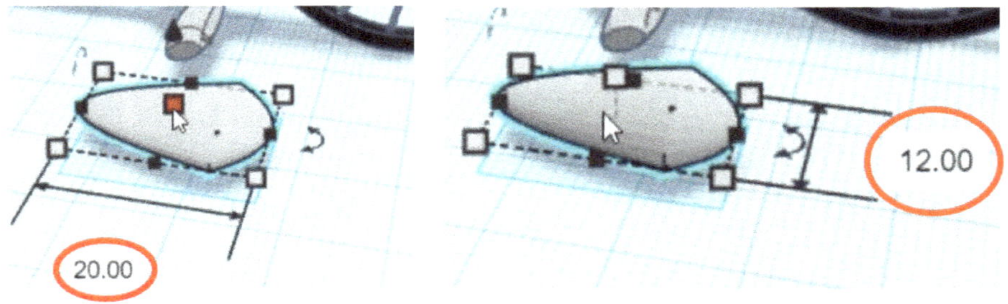

Por último, podemos colorear la silla como deseemos, por ejemplo, en negro, y luego moverla y posicionarla con el ratón. Para la alineación central también puedes utilizar el comando "Align".

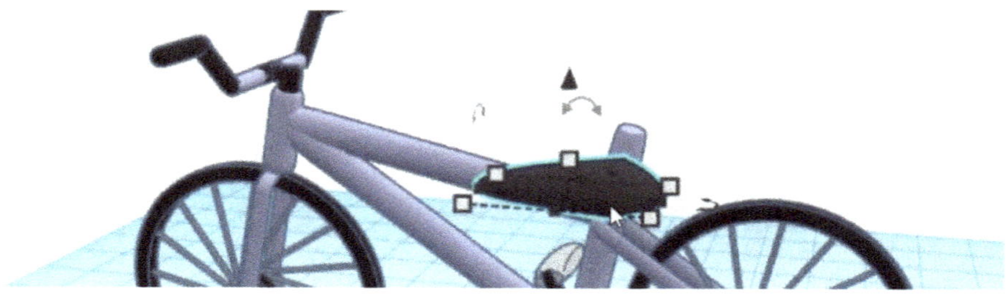

¡Guau! Ha sido un proyecto bastante largo y complejo. Si has llegado hasta aquí, puedes estar muy orgulloso de ti mismo. Has hecho mucho con ella y has practicado mucho en "Tinkercad". La bicicleta terminada debería tener un aspecto parecido a éste. Por supuesto, no importa si tu moto tiene un aspecto un poco diferente o si has elegido colores distintos. Sé creativo y piensa por ti mismo, ¡así está bien!

Capítulo 4 | Modelo 3D Proyecto 3: Reloj despertador retro

En este tercer proyecto crearemos un despertador retro. Como siempre, puedes copiar el modelo terminado en tu cuenta "Tinkercad" utilizando el siguiente enlace:

https://tinyurl.com/3mererah

Procedemos a la construcción del siguiente modo. Primero empezamos con la carcasa del despertador, luego creamos la esfera del reloj y las manecillas. Después vienen las campanas y el martillo que hace sonar las campanas. Por último, añadimos el interruptor blanco de encendido/apagado en la parte superior y las patas en la inferior. Hacemos todo esto paso a paso.

4.1 La carcasa del despertador

La carcasa del despertador consiste, en primer lugar, en un cuerpo cilíndrico de base, cuya longitud y anchura aumentamos a 150 mm y la altura a 65 mm. También podemos asignar el color amarillo en este paso.

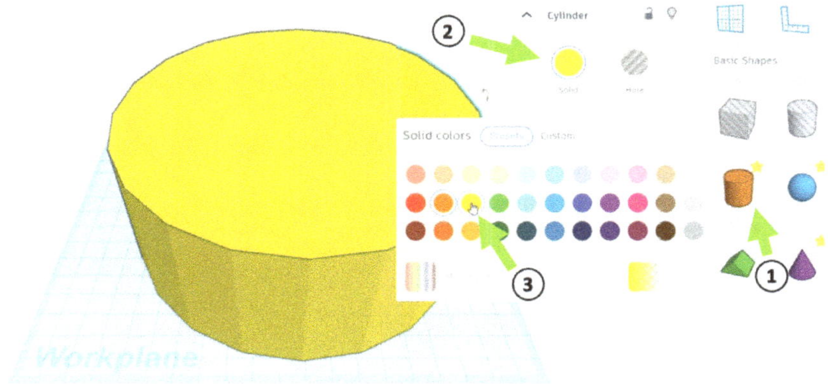

Como el cilindro sigue siendo un poco demasiado anguloso para mí, en el siguiente paso aumentamos todos los parámetros de los ajustes del objeto al máximo respectivo (64, 2,5, 10). Para ello, simplemente tira de los tres deslizadores hacia la derecha.

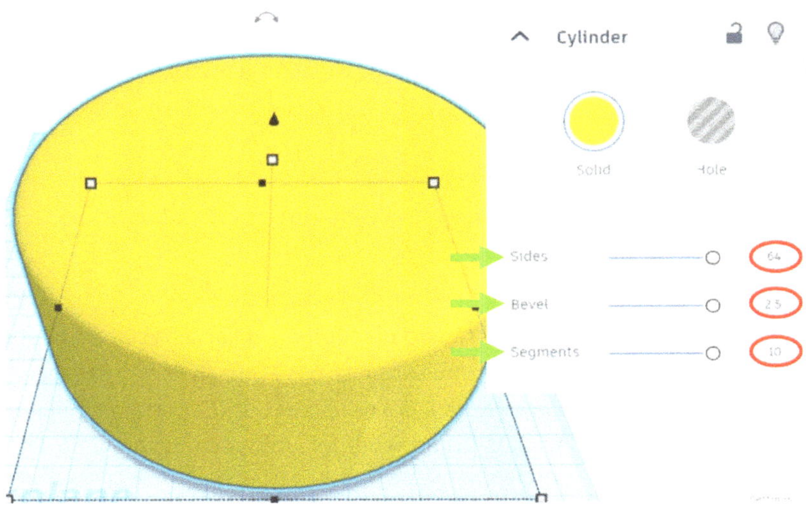

Ahora queremos hacer sitio para la esfera del reloj y las manecillas. Para ello, nuestro cilindro anterior debe adoptar la siguiente forma:

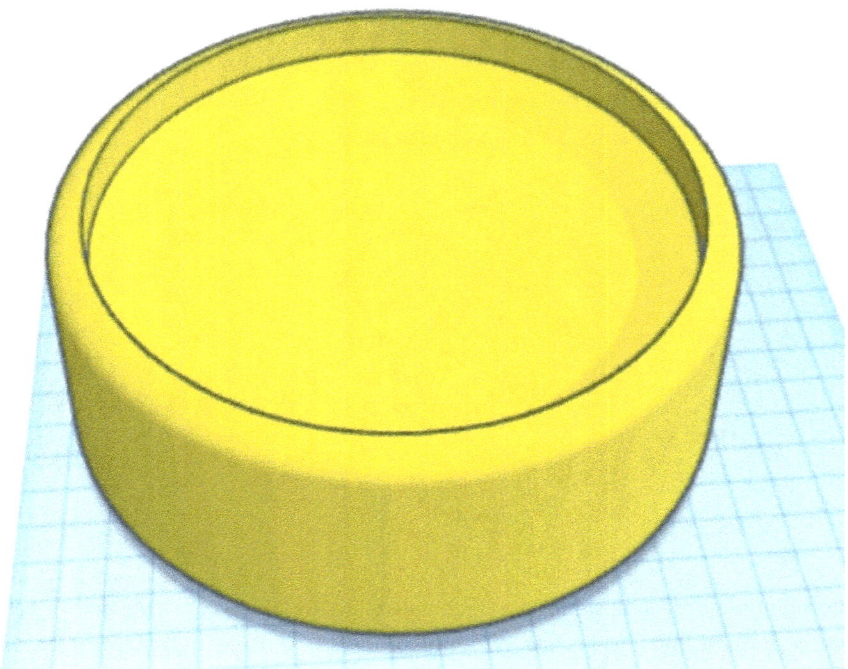

Siéntete libre de pensar cómo podríamos enfocar esto. Quizá a estas alturas se te ocurra la solución por ti mismo. No hay nada malo en probar las cosas por ti mismo durante un tiempo en este punto. Puedes trabajar primero a ojo y luego tomar las medidas correctas. De lo contrario, estaría desvelando demasiadas cosas en este momento.

--- He aquí la solución: -------------------------------------

Creamos la geometría deseada utilizando un cuerpo similar al recinto con el que creamos una sección. Para ello restamos dos cuerpos entre sí. Para crear el cuerpo similar, simplemente duplicamos la caja del reloj anterior (CTRL+D), cambiamos a "Hole" en los ajustes y centramos los dos cuerpos utilizando el comando Alinear

("L"). A continuación, desplazamos un poco hacia arriba el cuerpo duplicado para que tenga una distancia de 46 mm del suelo.

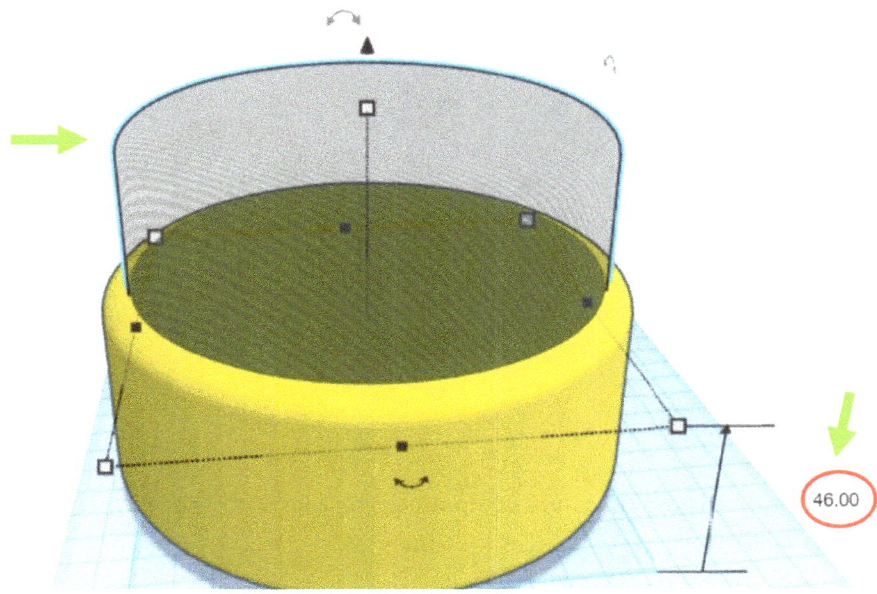

En el siguiente paso cambiamos los ajustes de la parte superior del cuerpo. Para que el recorte tenga el aspecto deseado, establecemos los valores 64, 2 y 1 para los ajustes "Sides", "Bevel" y "Segments".

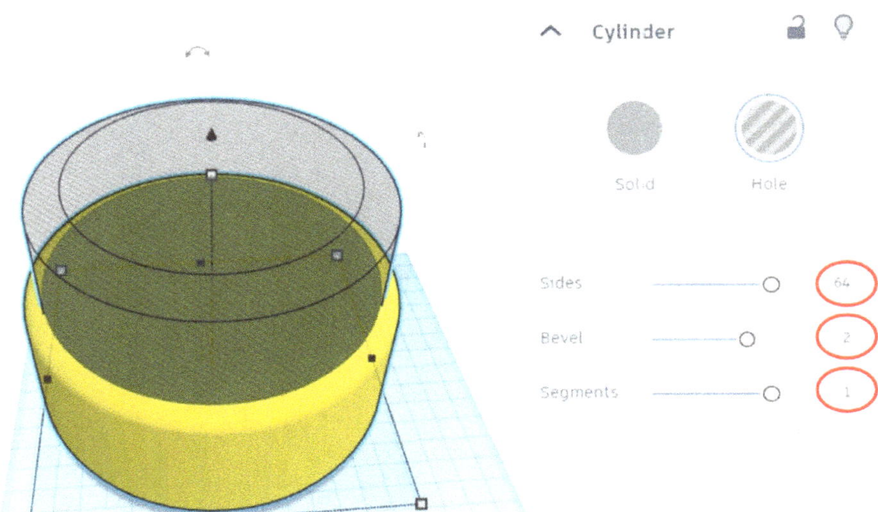

Antes de agrupar los dos cuerpos, duplicamos el cuerpo superior ("CTRL+D") y lo desplazamos hacia un lado. Luego lo utilizamos para hacer la base de la esfera del reloj.

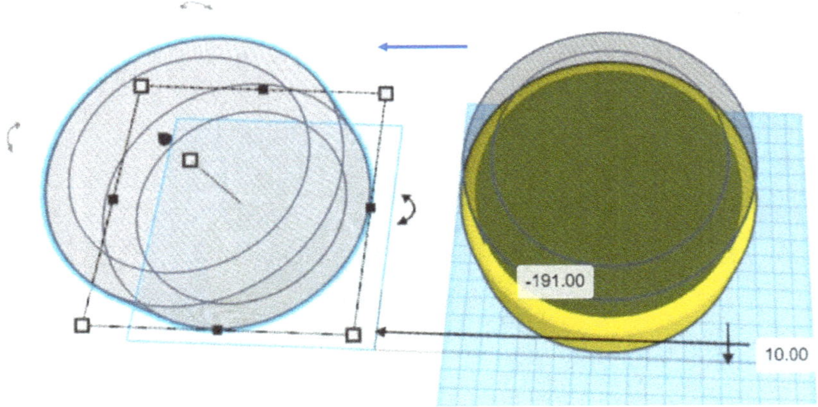

Pero antes, agrupamos los dos cuerpos ensamblados y obtenemos así el recinto deseado.

4.2 La esfera y las manecillas del despertador

A continuación, centramos nuestra atención en la esfera del reloj. Ya hemos hecho el trabajo preliminar para ello en el capítulo anterior, duplicando un objeto y desplazándolo hacia un lado. Primero fijamos este objeto en la selección "Solid", luego cambiamos el color a blanco y reducimos la altura a 3 mm. Es para representar el fondo de la esfera del reloj.

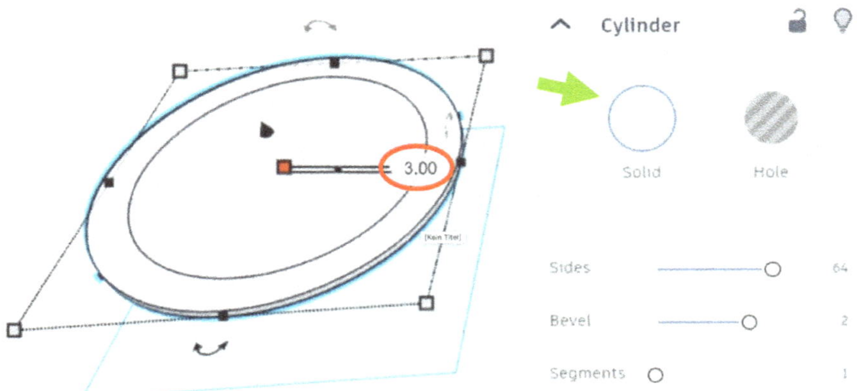

Con el comando Alinear (tecla "L") centramos la esfera del reloj y la caja.

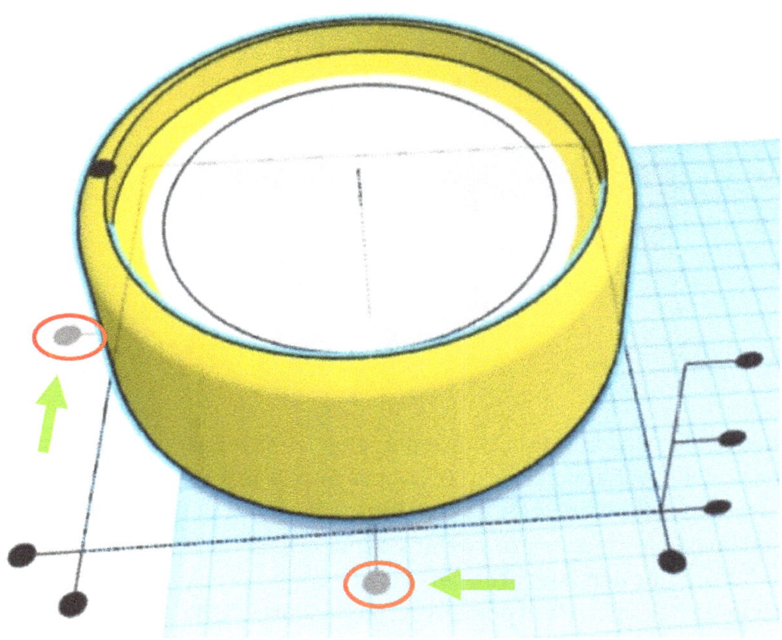

A continuación, desplazamos la esfera del reloj a una distancia aproximada de 51 mm del plano de trabajo.

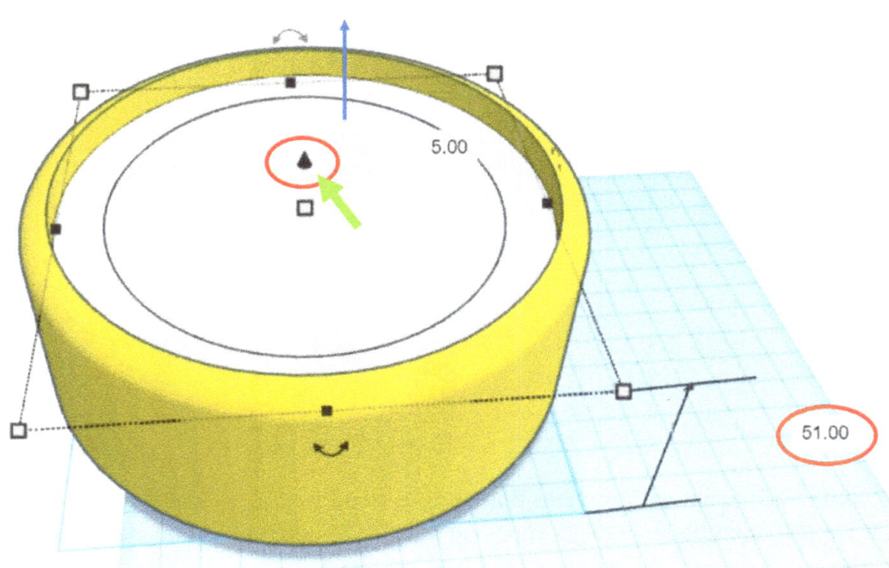

A continuación, creamos los demás elementos para la esfera del reloj. Volvemos a utilizar una forma básica cilíndrica ①, aumentamos sus parámetros ("Sides", "Bevel", "Segments") a sus respectivos máximos ② y cambiamos todas las dimensiones a 14 mm de ③.

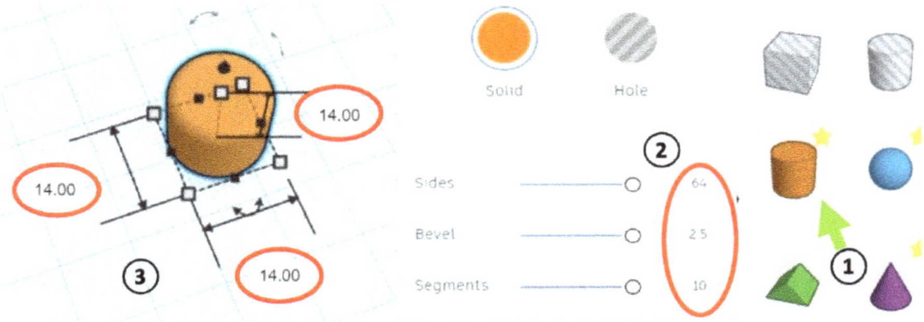

Después duplicamos la esfera blanca del reloj, la movemos y la colocamos en el plano de trabajo pulsando la tecla "D". Nos servirá de referencia para alinear mejor los cuerpos para los numerales. La borraremos de nuevo después de la alineación. Posicionamos los dos primeros cuerpos cilíndricos utilizando el comando Alinear (tecla "L") y moviéndolos con el ratón. Como probablemente adivinarás, simplemente he duplicado el primer cuerpo cilíndrico ("CTRL+D").

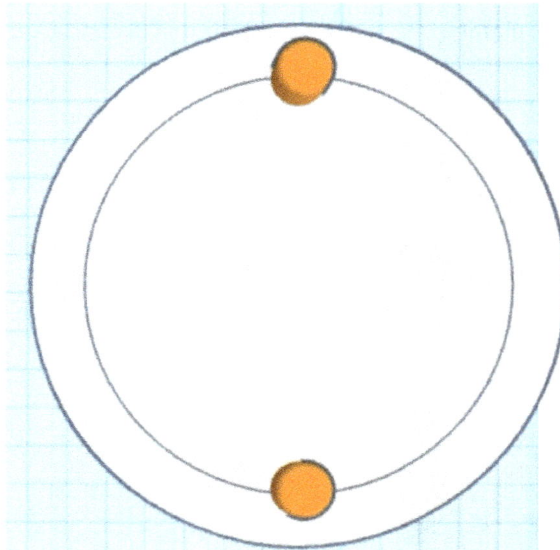

A continuación, agrupamos estos dos cuerpos cilíndricos con el comando "Group" ("CTRL+G") para poder crear después un patrón. También he cambiado el color a rojo. Si ahora duplicamos los cuerpos agrupados con "CTRL+D" y luego los giramos 30° con el ratón del ordenador, obtendremos la primera parte del patrón.

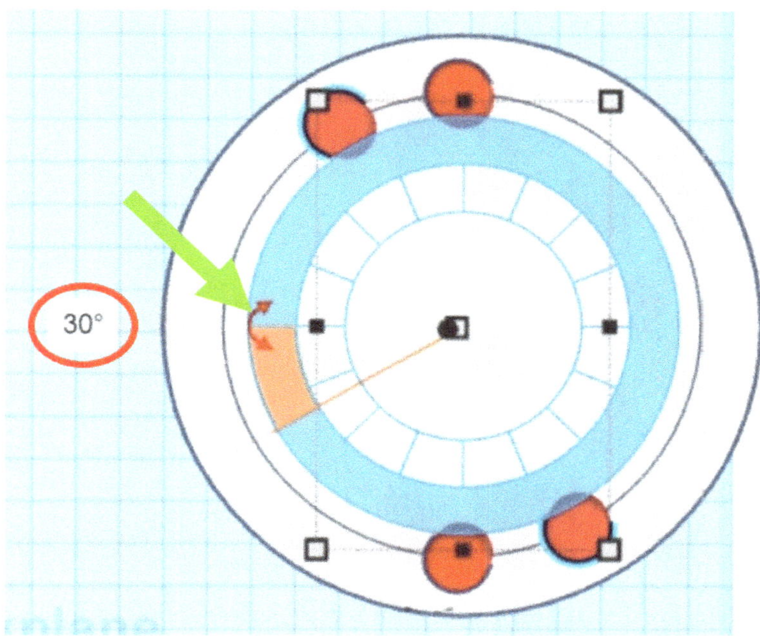

A continuación, hacemos esto cuatro veces más y obtenemcs un total de doce cuerpos cilíndricos.

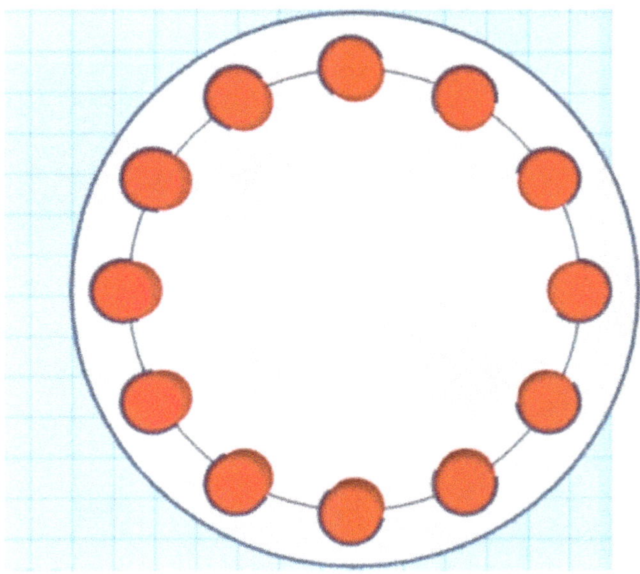

A continuación, cambiamos el color de algunas de las esferas del reloj y eliminamos la esfera duplicada, que -como ya he dicho- sólo servía de referencia. Por último, tenemos que agrupar los objetos (activa la opción "Multicolor").

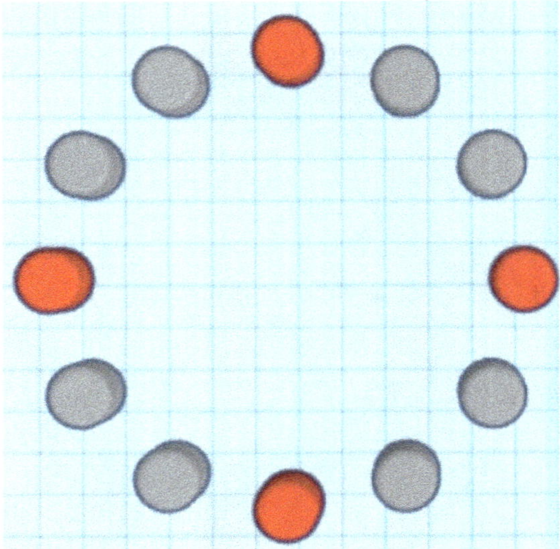

Para completar la esfera del reloj, necesitamos la aguja de las horas, la aguja de los minutos, el segundero y un punto de fijación para estas agujas. Utilizando el término de búsqueda "Arrow" encontramos dos puntas de flecha diferentes, una de las cuales colocamos en nuestro plano de trabajo. Además, necesitamos un objeto cilíndrico para el cuerpo de las manecillas.

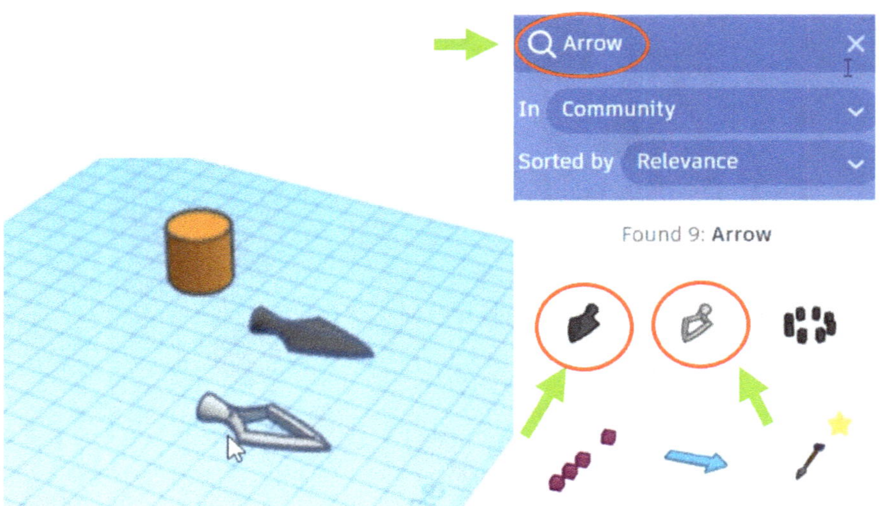

Cambiamos las dimensiones del cuerpo cilíndrico a 7 mm cada una para la longitud y la anchura, dejando de momento la altura en el valor preestablecido. A continuación, ajustamos el parámetro "Sides" al valor 64 y duplicamos y giramos el cuerpo cilíndrico de modo que obtengamos el siguiente resultado.

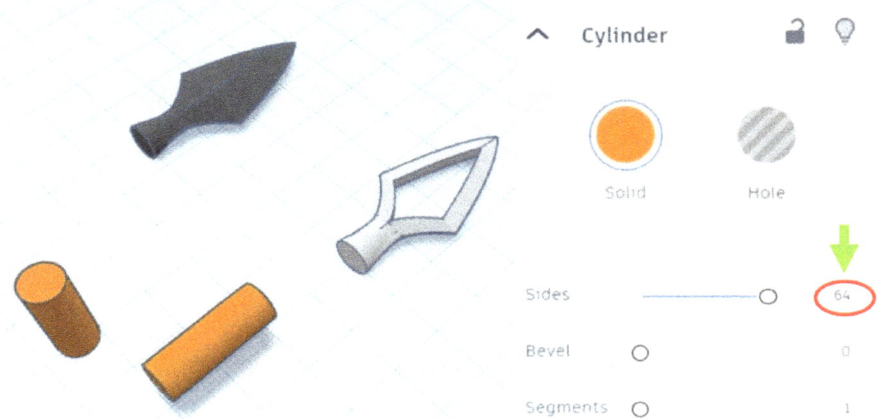

Ahora podemos utilizar el comando "Workplane tool" para colocar el cuerpo cilíndrico en la punta del puntero. Puedes pulsar la tecla "W" como comando corto, luego seleccionar el plano ① de la punta del puntero, después seleccionar el cuerpo cilíndrico ② y finalmente pulsar la tecla "D" para colocarlo.

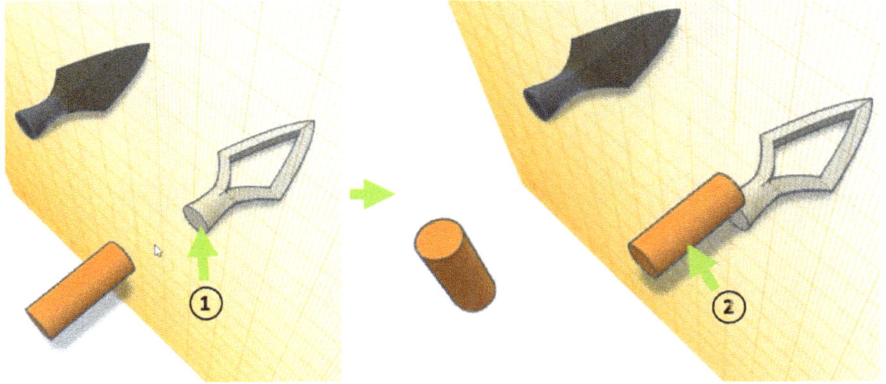

Con ayuda del comando "Align" hacemos otra alineación (① y ②). Luego cambiamos la longitud a 26 mm de ③.

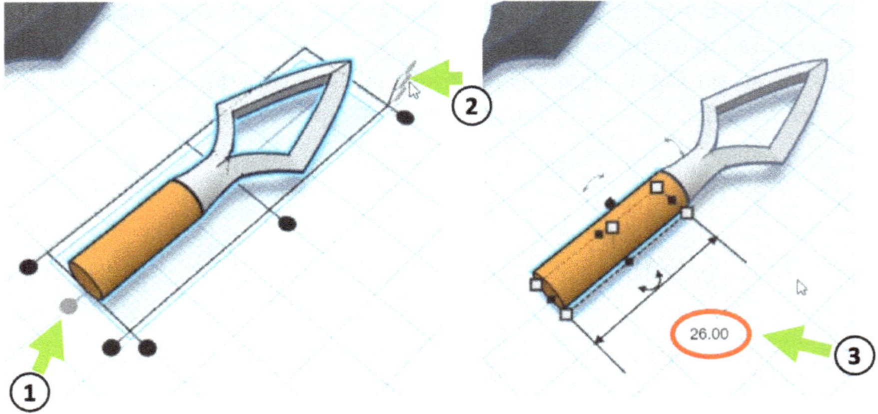

Ahora tenemos que hacer lo mismo con la otra punta del puntero y el otro cuerpo cilíndrico. A continuación, coloreamos los dos cuerpos cilíndricos de blanco y gris respectivamente, de modo que obtengamos dos punteros de un solo color.

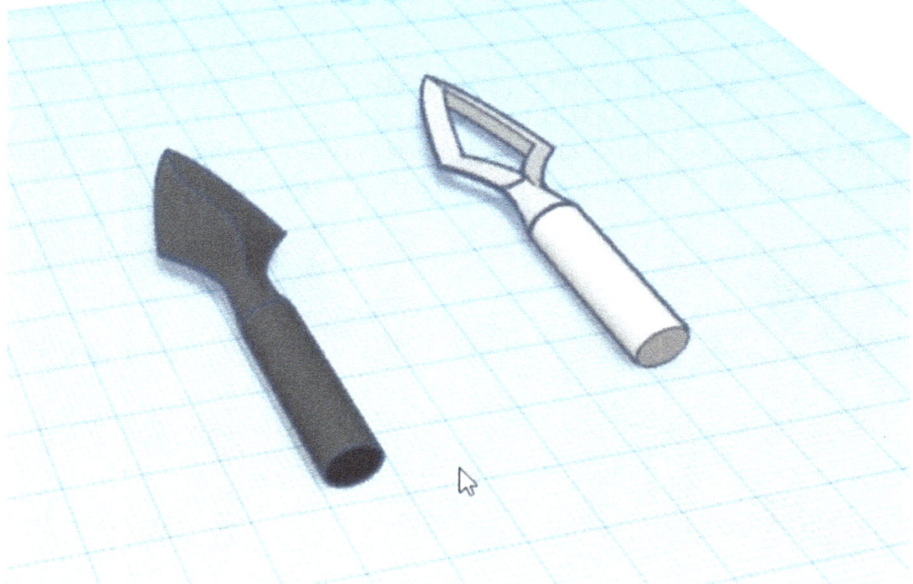

En el siguiente paso, nos ocupamos del punto de unión de las manos, o más exactamente, del eje del movimiento. De nuevo, utilizamos un cuerpo cilíndrico cuyas dimensiones (longitud, anchura y altura) cambiamos a 10 mm cada una. A continuación, utilizamos los comandos "Duplicate and repeat", así como "Mirror", "Group" y "Align" para colocar las manos en el eje del movimiento como se muestra. También puedes jugar con la longitud y el tamaño de las manos arrastrándolas con el ratón. Al final, ¡sólo tiene que gustarte a ti!

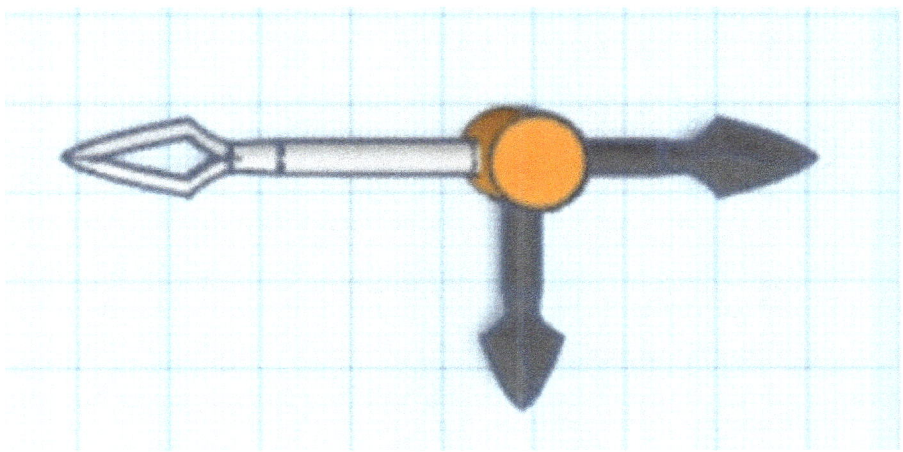

El siguiente paso es deslizar la esfera hasta la posición correcta y realizar algunos ajustes más en la longitud o la forma de las manecillas, si es necesario. También puedes cambiar el color del cubo del movimiento. Por último, tenemos que alinear estos objetos entre sí ("Align") y agruparlos ("Group").

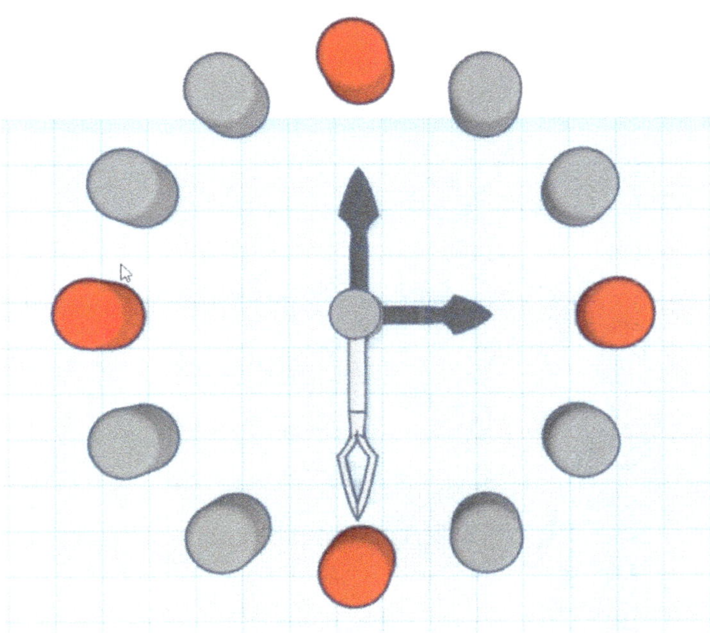

A continuación, montamos la esfera del reloj, incluidas las manecillas, en la caja del reloj. Para ello, primero fijamos el plano de trabajo en la parte blanca interior de la caja del reloj ① con el comando corto "W", después seleccionamos la esfera del reloj y las manecillas ② y pulsamos la tecla "D". Ahora los objetos están en el plano correcto.

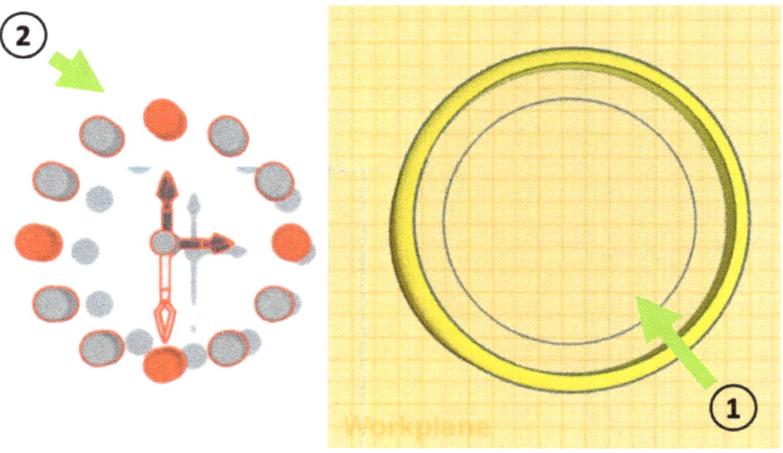

Antes de utilizar el comando "Align" para seguir alineando como de costumbre, primero duplicamos el fondo blanco de la esfera del reloj ① y movemos el duplicado ② hacia arriba. Lo necesitaremos más adelante como panel frontal.

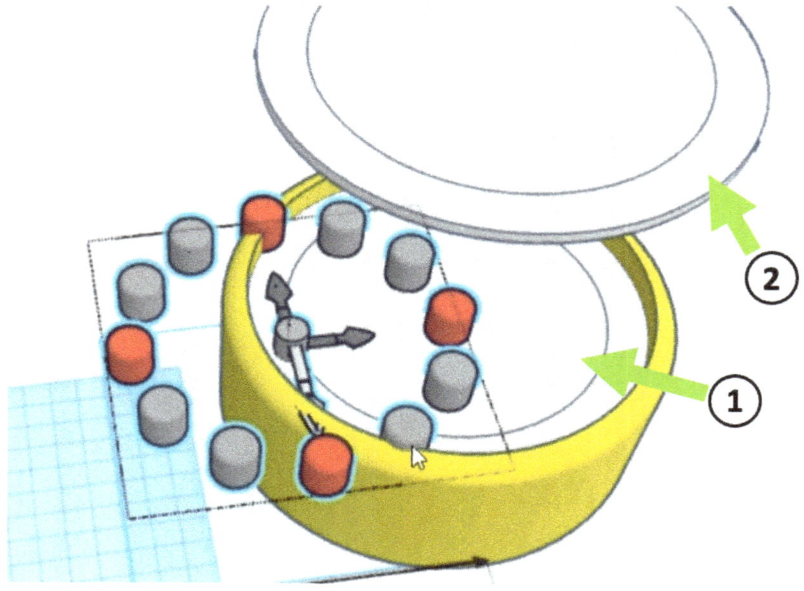

Después de la alineación, nuestro despertador retro debería tener este aspecto:

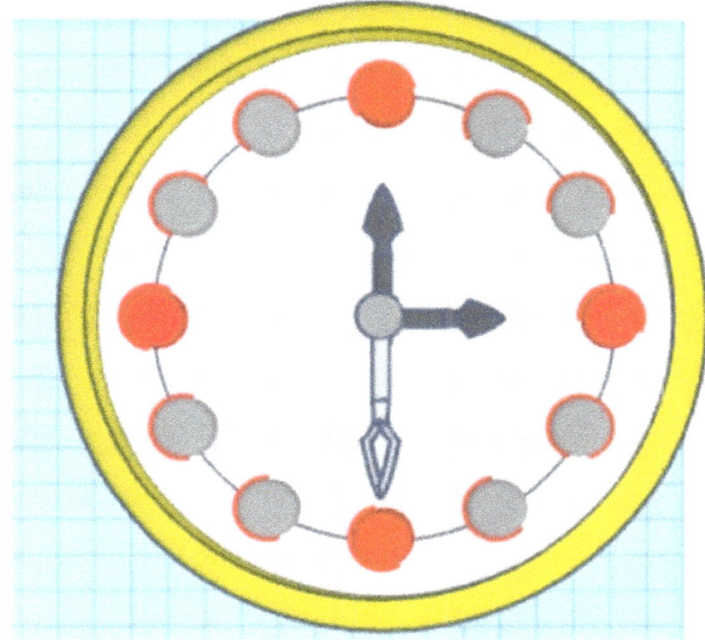

Para crear el mencionado parabrisas, cambiamos la longitud y la anchura del objeto duplicado a 140 mm cada una. Reducimos la altura a 1 mm. Además, aumentamos el parámetro "Segments" a 10 y activamos la opción "Transparent" en los ajustes de color.

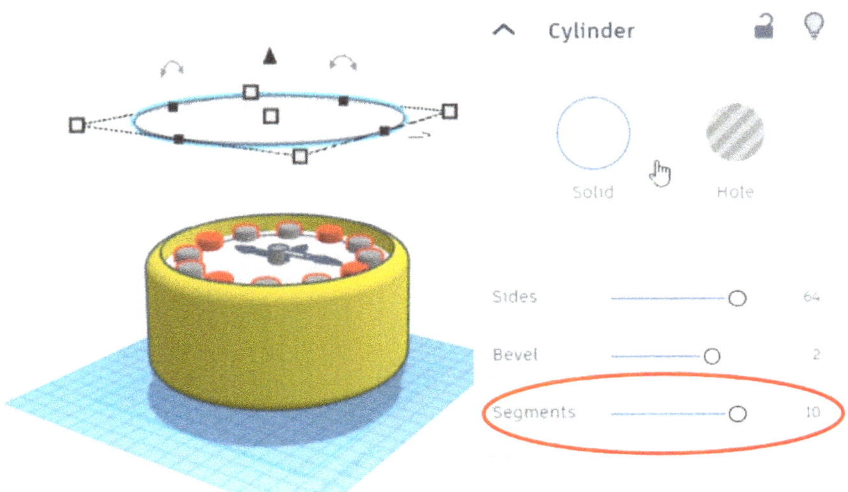

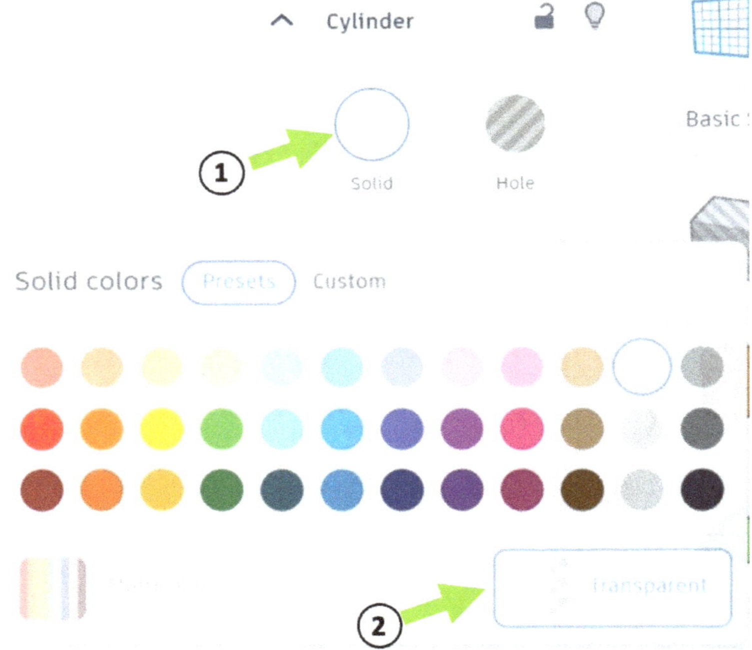

Después centramos el disco con el comando "Align" y lo movemos un poco hacia abajo hasta la posición correcta.

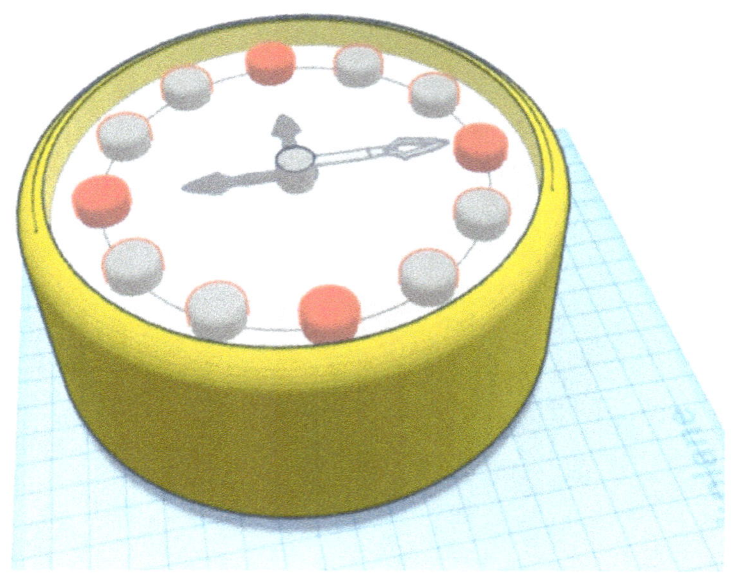

4.3 Las campanas, el martillo y el despertador

¡Excelente! Después de agrupar todos los objetos anteriores (opción: "Multicolor"), nos ocupamos de las campanas del despertador retro. Como cuerpo básico, utilizamos una semiesfera ①, que podemos encontrar en la biblioteca de formas. Luego puedes elegir un color (por ejemplo, gris) y cambiar las dimensiones. Necesitamos 68 mm para la longitud y la anchura (② y ③) y 17 mm para la altura ④ de la semiesfera.

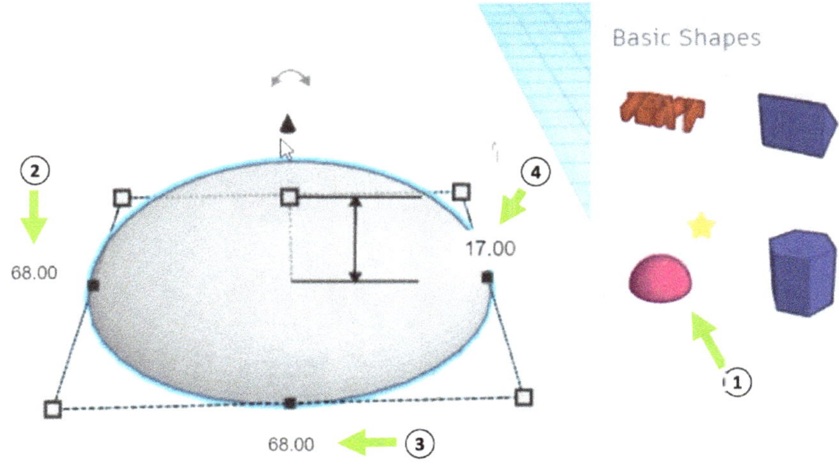

Para ahuecar la semiesfera sólida, utilizamos un sencillo truco. Duplicamos la semiesfera, movemos el duplicado 3 mm hacia arriba ② y cambiamos el ajuste del objeto original a "Hole" (③ y ④). A continuación, agrupamos los dos objetos y obtenemos así una semiesfera hueca.

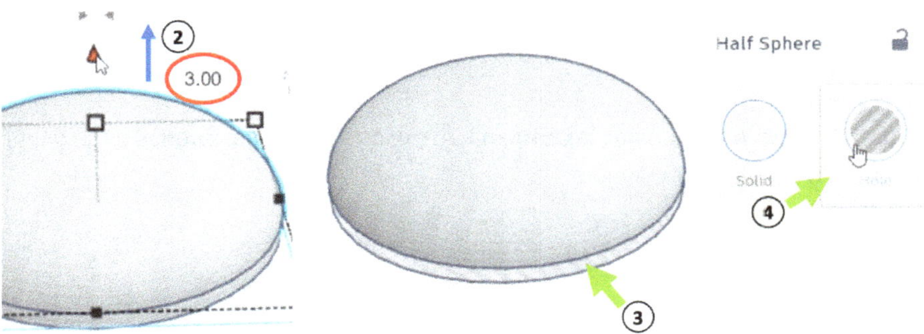

Para poder montar esta campana en el despertador retro, en el siguiente paso aún necesitamos una suspensión, que crearemos a partir de un cuerpo cilíndrico ① y un paraboloide ②.

Las dimensiones del cuerpo cilíndrico son 5 mm cada una para la longitud y la anchura y 70 mm para la altura. Dejamos la altura del paraboloide en los 20 mm preestablecidos, pero cambiamos la longitud y la anchura a 5 mm cada una.

Para colocar las dos piezas una encima de la otra, utilizamos el comando "Workplane tool" y los comandos "Align" y "Group". Probablemente ya puedas hacerlo por ti mismo. La suspensión debería tener entonces este aspecto.

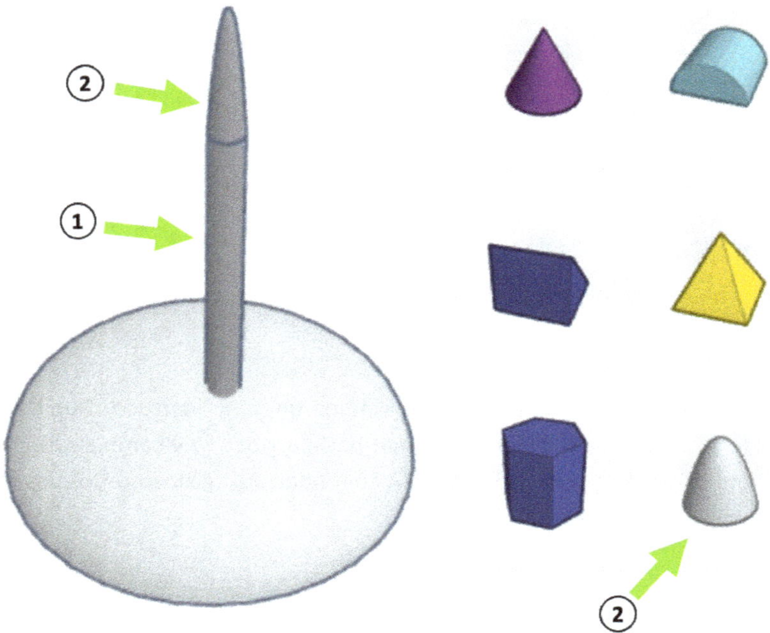

Ahora tenemos que empujar la campana un poco hacia arriba, puedes determinar la posición simplemente a ojo.

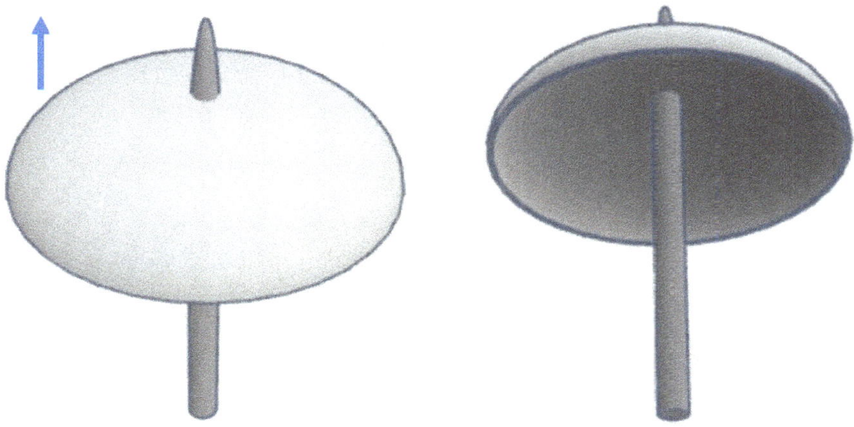

A continuación, giramos (22,5°) y duplicamos la campana, incluida la suspensión, ya que necesitamos dos en total. También utilizamos el comando "Mirror" para que los objetos duplicados se coloquen en direcciones opuestas.

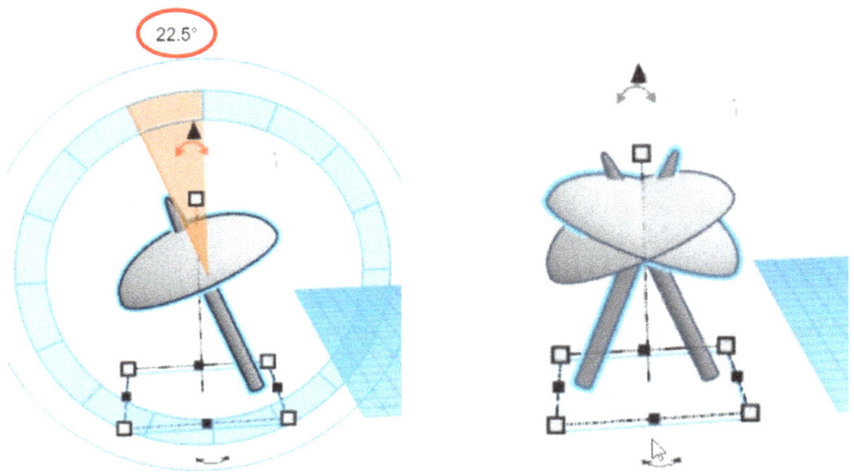

Luego tenemos que mover los objetos duplicados un poco hacia un lado. También tenemos que girar el despertador para que quede en posición vertical. Después podemos mover las dos campanas a la parte superior del despertador y colocarlas centradas entre sí con el comando "Align".

Ahora crearemos el martillo del despertador. Lo ensamblaremos a partir de dos cuerpos cilíndricos. Uno de ellos debe medir 5 mm de ancho y largo y 60 mm de alto ①, el otro 15 mm de ancho y largo y 20 mm de alto ②. Giramos 90 grados el cuerpo más grueso y lo colocamos sobre el cuerpo largo y estrecho. También cambiamos los colores.

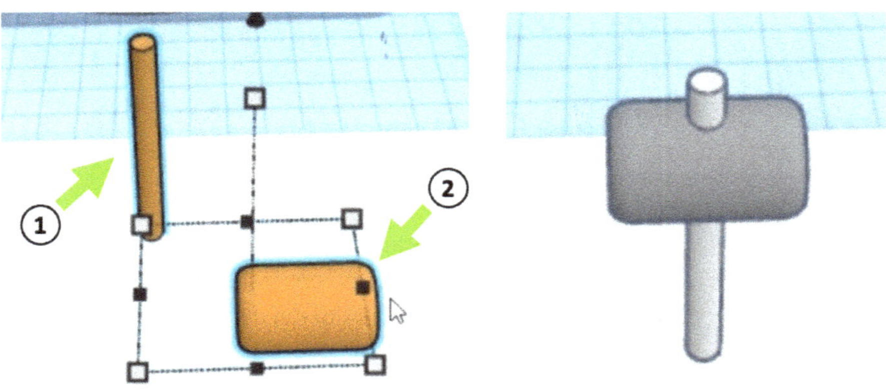

A continuación, puedes agrupar el martillo (activa la opción: "Multicolor" en los ajustes de color) y colocarlo entre las campanas del despertador.

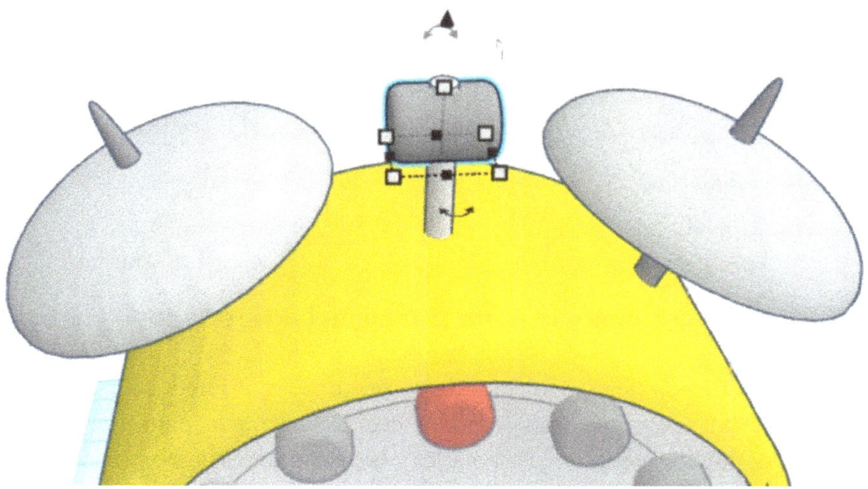

Para el interruptor de encendido/apagado del despertador creamos otras dos formas cilíndricas, que deben tener una longitud y una anchura de unos 12 mm y una altura de unos 20 mm. Volvemos a girar una de ellas 90 grados. Luego colocamos los dos cuerpos de modo que formen una cruz. También cambiamos el color, por ejemplo, a blanco, y agrupamos ambos cuerpos.

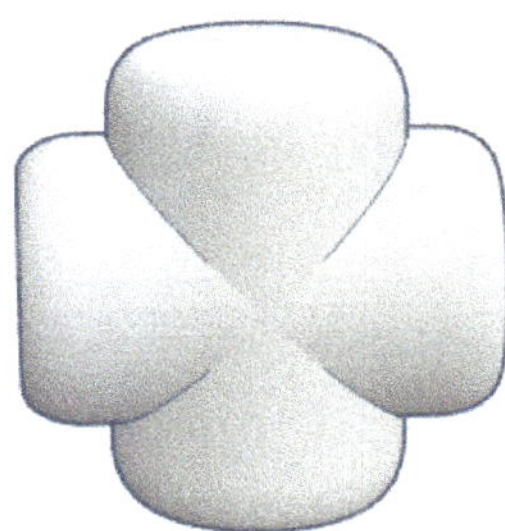

Luego movemos el interruptor a la parte superior del despertador y lo colocamos en la zona delantera, aproximadamente en el centro, delante del martillo.

4.4 Los pies y la parte trasera del despertador

Ahora ya casi hemos terminado con este proyecto. Sólo nos falta crear una tapa para la parte trasera del despertador y dos pies. Para la parte trasera del despertador duplicamos la carcasa amarilla y la desplazamos un poco hacia atrás. Si ya has agrupado las piezas, tienes que desagruparlas.

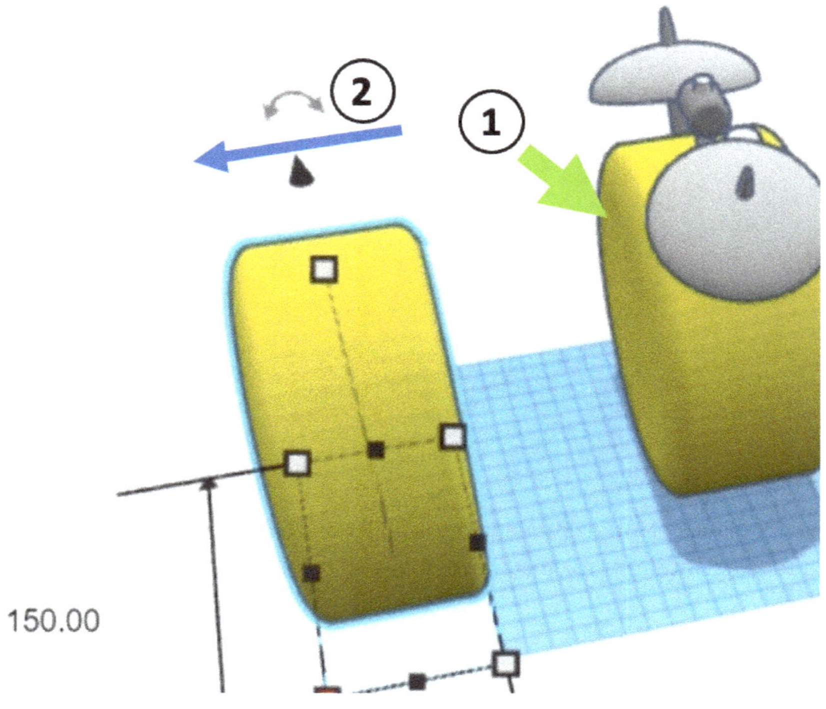

A continuación, cambiamos las dimensiones. El grosor de la pieza sólo debe ser de 10 mm, las otras dos dimensiones de 140 mm cada una.

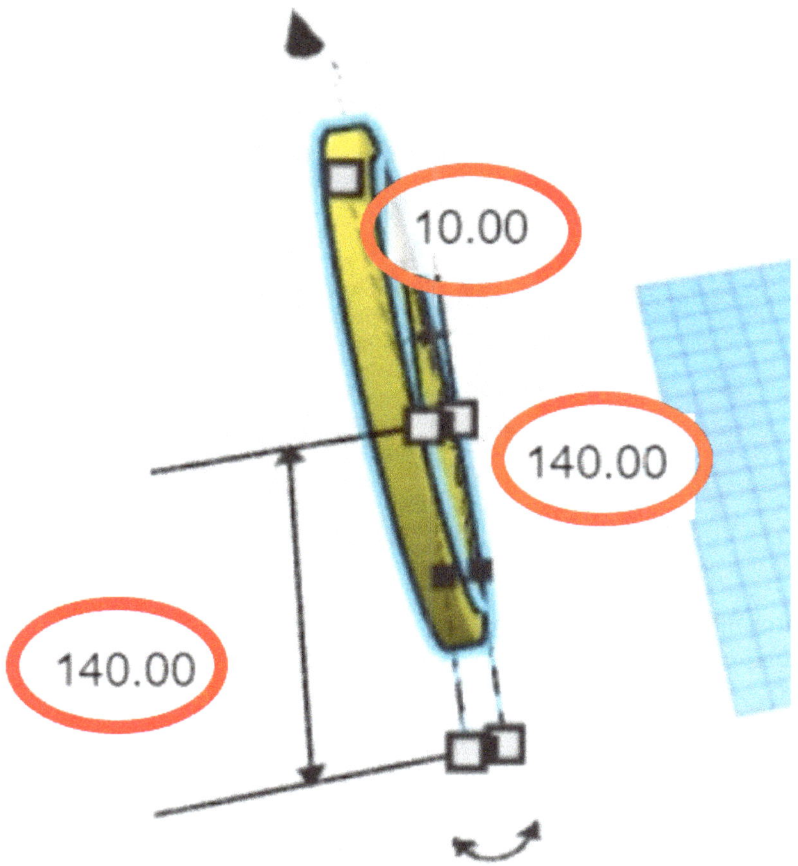

Después elegimos un color adecuado, por ejemplo, negro, y colocamos la tapa en la parte trasera del despertador utilizando el comando "Align" y haciendo desplazamientos con el ratón y el teclado.

A continuación, creamos los pies del despertador. Los unimos a partir de dos cuerpos. Necesitamos un cuerpo cilíndrico ① con una longitud y anchura de 15 mm y una altura de unos 23 mm y un paraboloide ② con una longitud y anchura de 15 mm y una altura de 7 mm. Juntamos los dos cuerpos como se muestra.

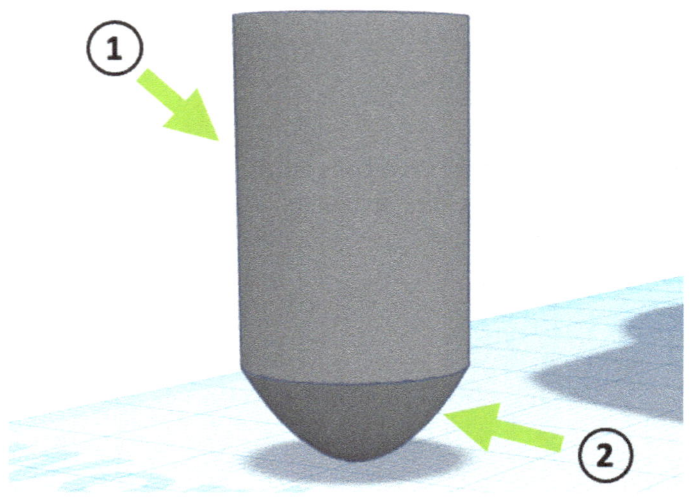

A continuación, se producen dos rotaciones. Primero giramos los cuerpos agrupados -22,5 grados hacia atrás y luego 22,5 grados hacia la derecha.

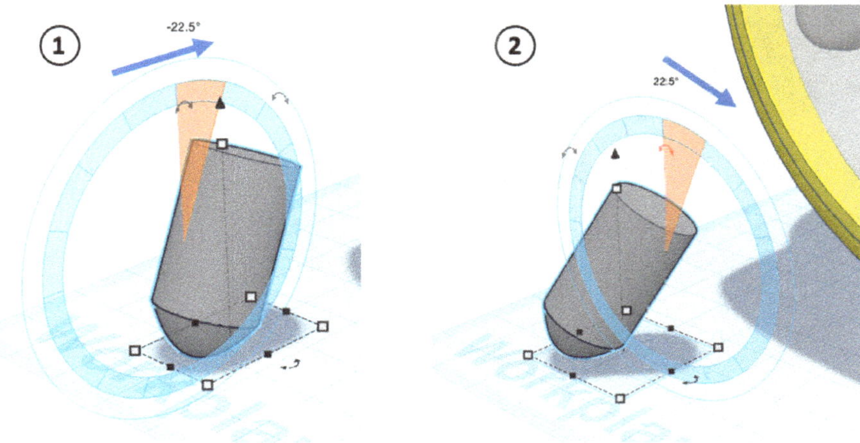

En los pasos siguientes, utilizamos los dos comandos "Duplicate and repeat" y "Mirror" para crear el segundo pie, que debe apuntar en la otra dirección.

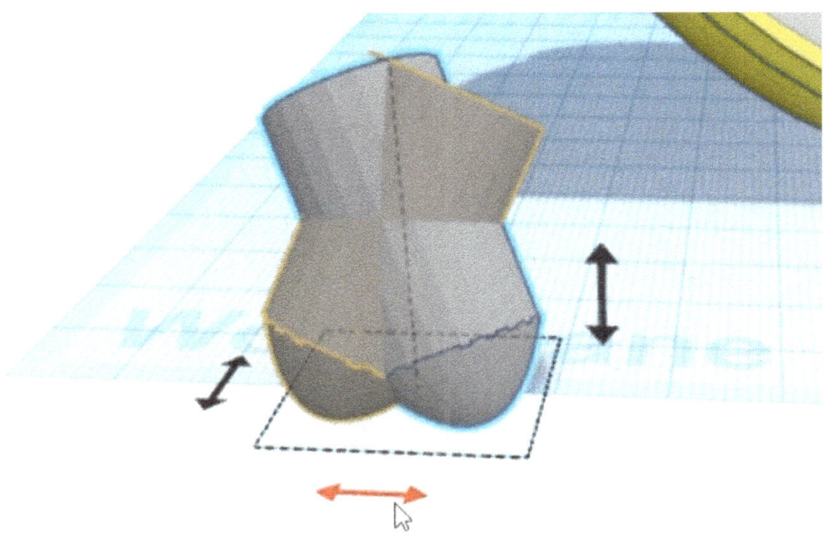

Separamos un poco los dos pies y los colocamos primero en la zona delantera del despertador.

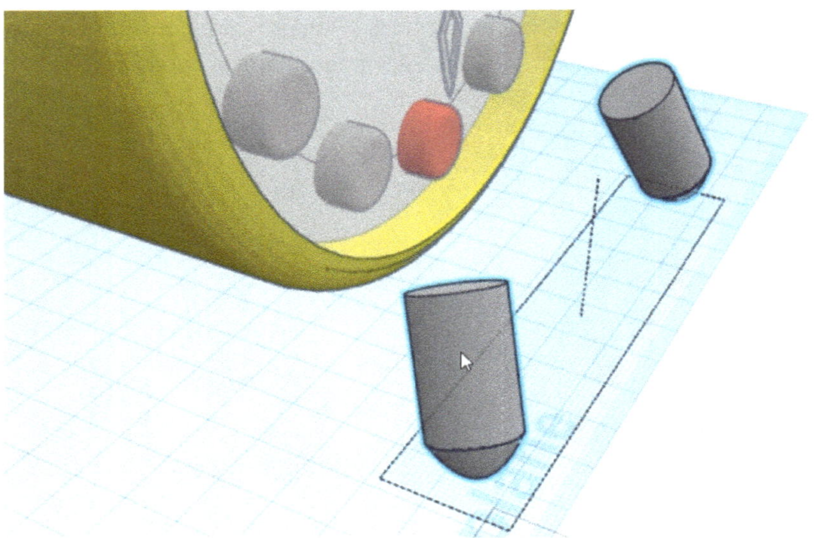

Antes de colocar los pies debajo del despertador, marcamos todos los objetos del despertador (excepto los pies) y giramos todo el despertador hacia atrás unos 12 grados.

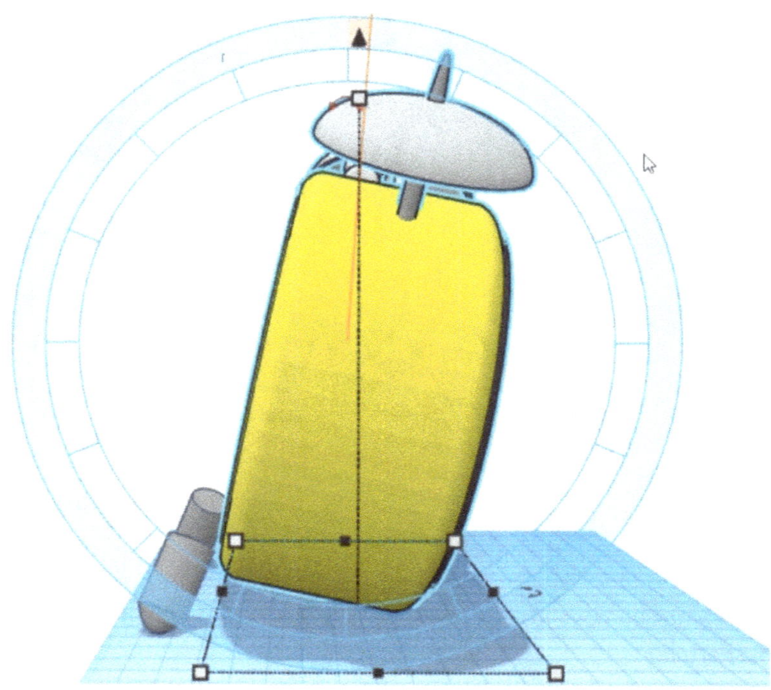

A continuación, podemos desplazar los pies hacia atrás para que se coloquen en la zona delantera, debajo del despertador.

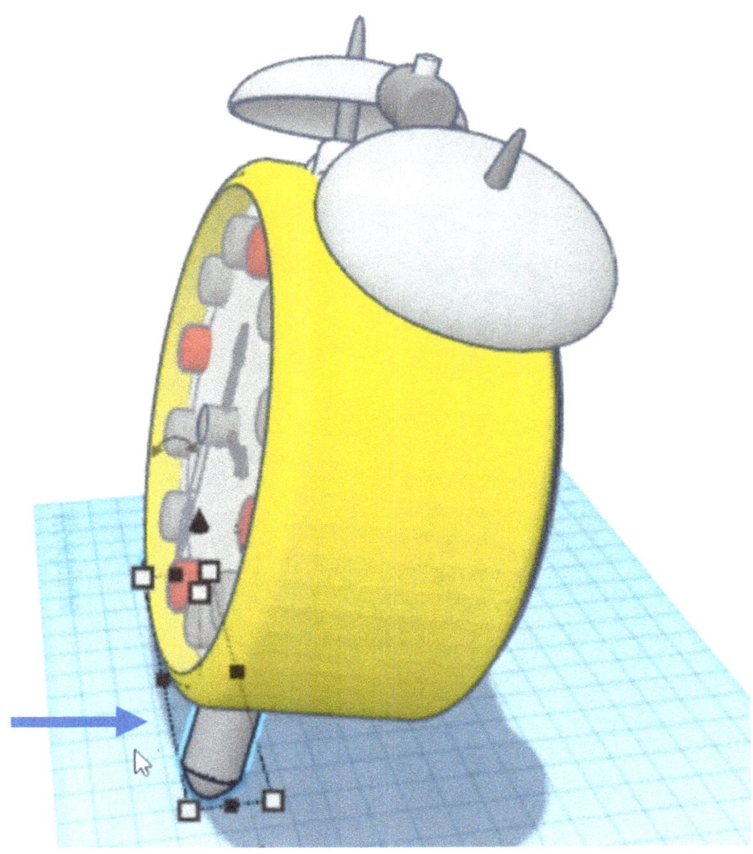

¡Excelentemente hecho! Hemos terminado con éxito el capítulo Como habrás observado, los pasos de este ejemplo no eran tan detallados como en los proyectos anteriores. Esto te ayudará a tener más confianza en tus propias capacidades y a aplicar lo que has aprendido hasta ahora de forma más independiente.

Sin embargo, tampoco pasa nada si sigues teniendo dificultades para crear el modelo. Si es así, lo mejor es que repases el capítulo o incluso todo el libro una segunda vez desde el principio. Si no has tenido problemas, ¡ya puedes esperar con impaciencia el siguiente proyecto!

Capítulo 5 | Modelo 3D Proyecto 4: Llanta

El proyecto de este capítulo será algo más breve que los dos objetos anteriores. Sin embargo, esto no lo hace necesariamente menos complejo. En este proyecto queremos crear un modelo 3D de una llanta de coche. Puedes encontrar el modelo terminado en el siguiente enlace:

https://tinyurl.com/bdhan49h

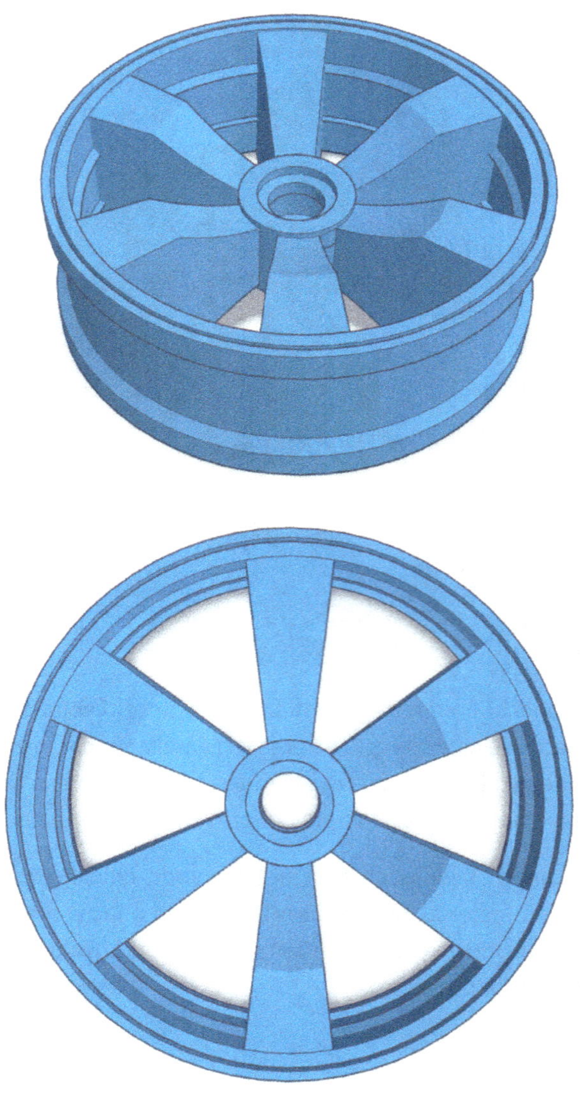

Para la llanta, empezaremos primero con la construcción del cuerpo básico. Después crearemos el interior de la llanta.

5.1 El cuerpo básico de la llanta

Para el cuerpo básico necesitamos una forma cónica, cuyas dimensiones modificamos como sigue. Las dimensiones de la base deben ser 82 mm y la altura 4 mm. También cambiamos el ajuste "Top Radius" a 9 mm y el ajuste "Sides" a 64 mm.

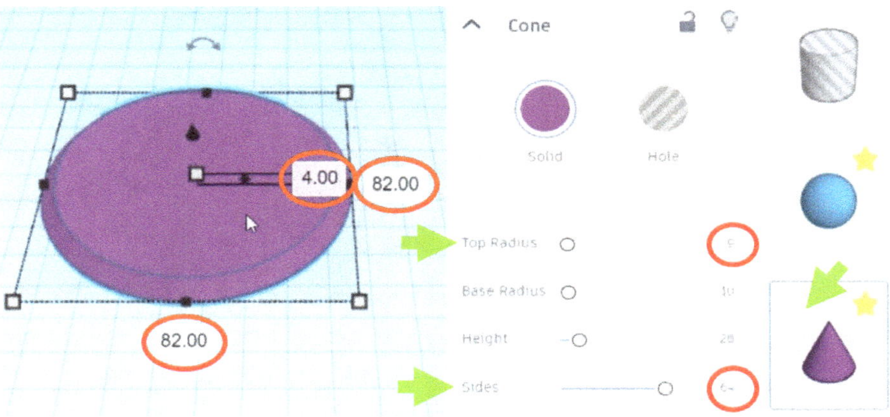

Duplicamos este objeto y cambiamos la configuración a "Hole". También cambiamos las dimensiones de la base del duplicado (longitud y anchura) a 79,5 mm cada una. No cambiamos la altura ni los demás ajustes. A continuación, movemos estos dos cuerpos a la parte trasera por el momento.

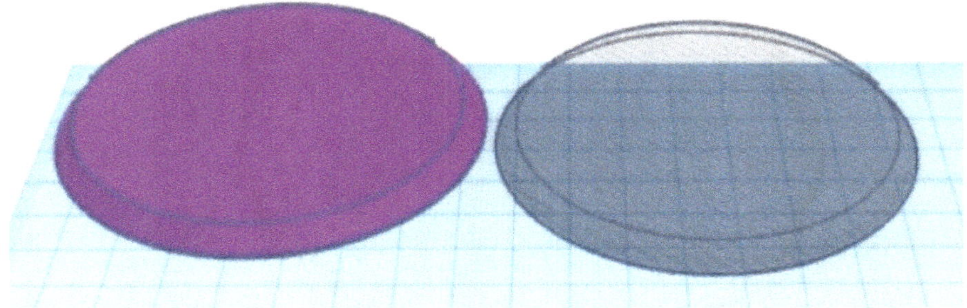

Para la segunda parte del cuerpo básico necesitamos un cuerpo cilíndrico cuya longitud y anchura fijemos en 82 mm cada una y cuya altura fijemos en 5 mm. El parámetro "Sides" debe fijarse de nuevo en 64 para este cuerpo. Después de haber duplicado también este cuerpo, cambiado su configuración a la selección "Hole" y, de forma similar a antes, cambiado también la longitud y la anchura del duplicado a 79,5 mm cada una, centramos y agrupamos los cuerpos que pertenecen juntos. Esto crea dos anillos.

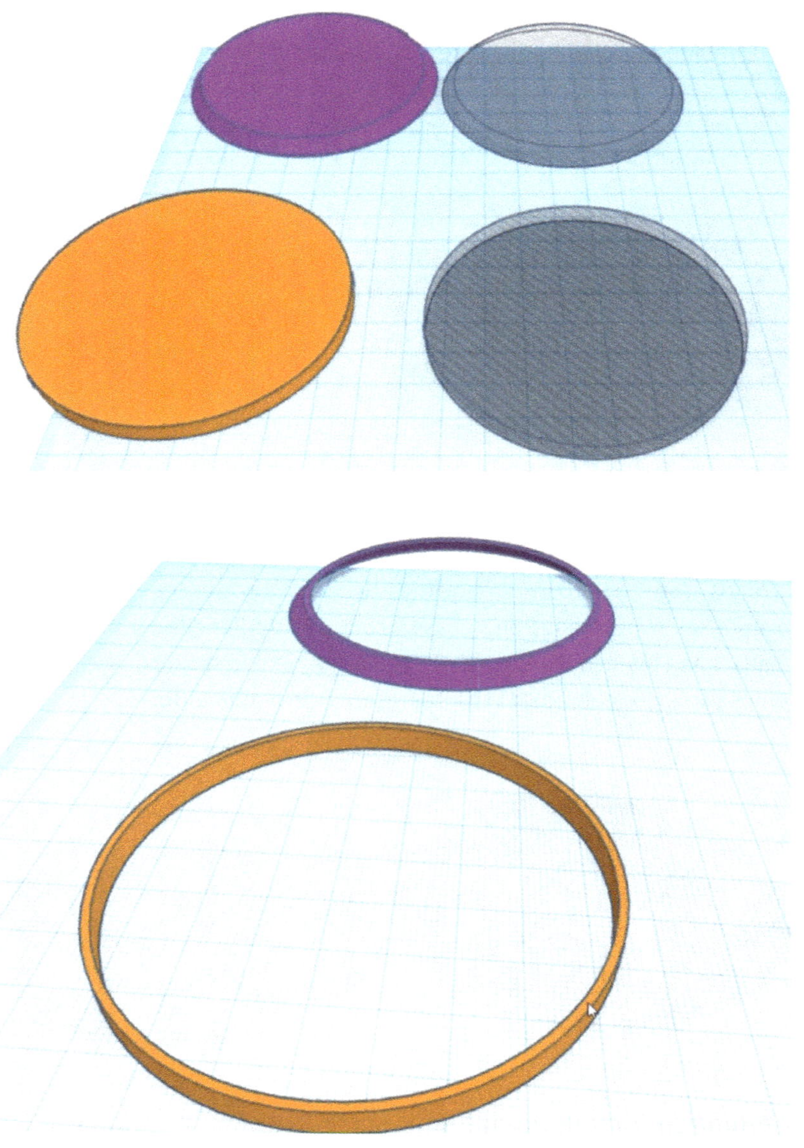

A partir de estos dos anillos podemos crear ahora la primera parte del cuerpo exterior de la llanta. Para ello, en el primer paso colocamos el anillo cónico sobre el anillo cilíndrico y en el segundo paso centramos ambos con ayuda del comando "Align". También es mejor utilizar el comando "Workplane Tool" para crear un plano de trabajo en la superficie superior del anillo cilíndrico y luego colocar el anillo cónico sobre este plano utilizando el botón "D".

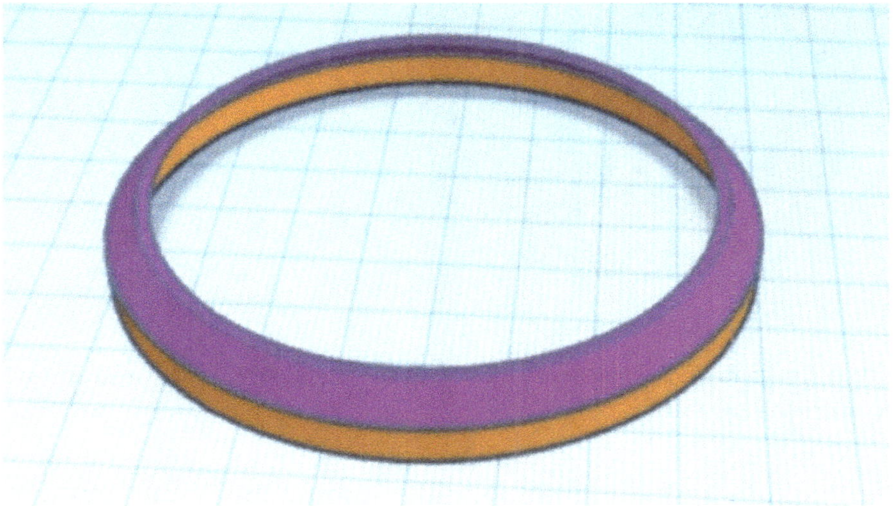

Para la parte central de la llanta utilizamos entonces un cuerpo tubular "Tube", cuyas dimensiones y ajustes realizamos como se muestra.

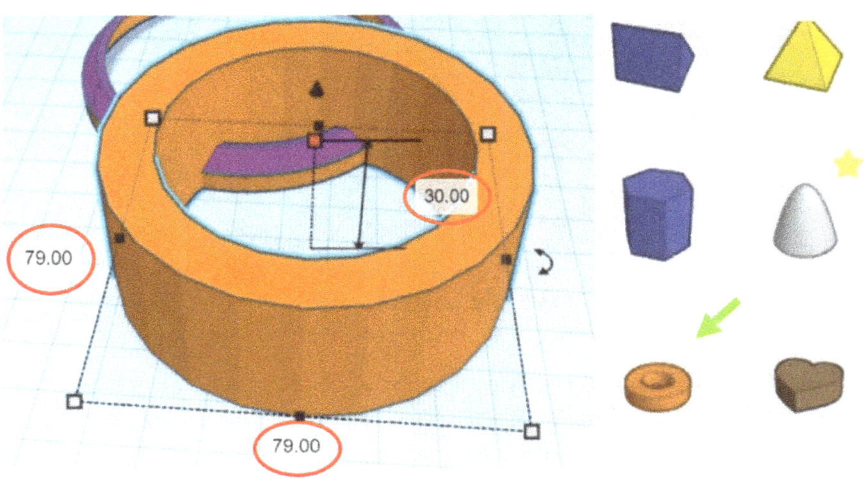

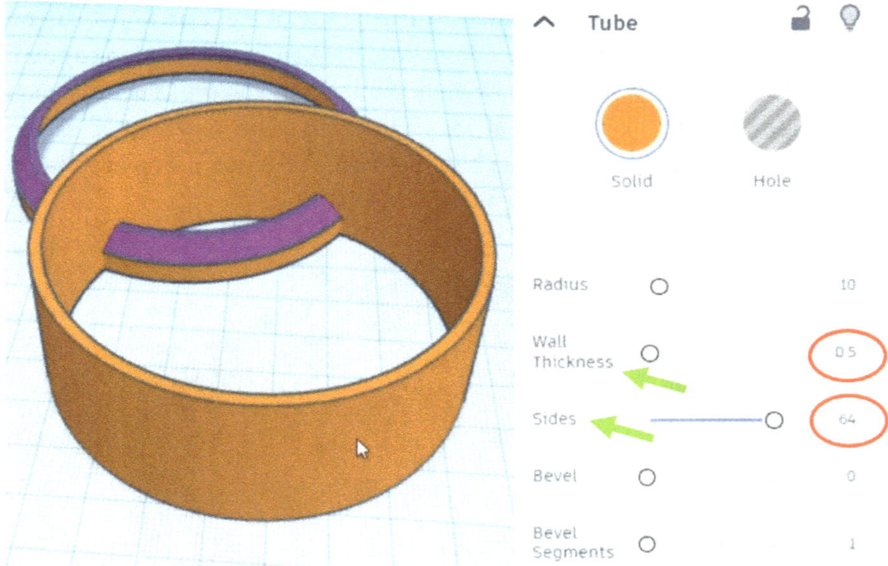

Con el comando "Align" podemos entonces alinear todos los cuerpos creados hasta ahora centrados entre sí.

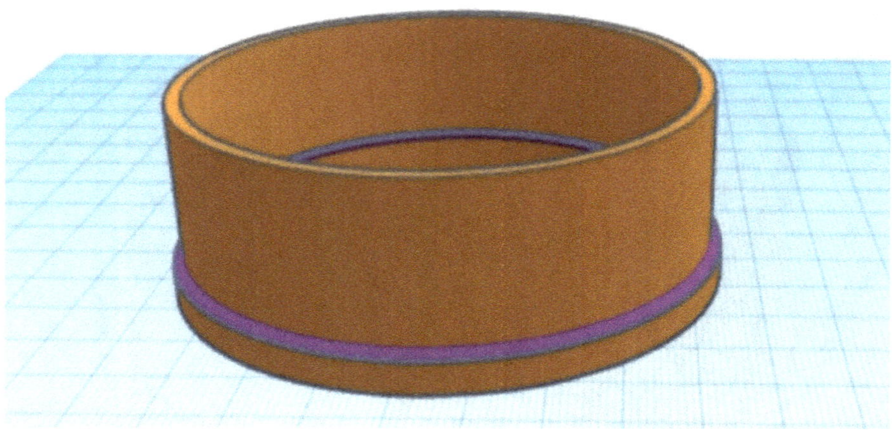

En el siguiente paso duplicamos y reflejamos el objeto que hemos creado hasta ahora utilizando los atajos "CTRL+D" y "M". Nuestro objetivo es que la parte superior del cuerpo quede exactamente opuesta a la inferior. Lo conseguiremos seleccionando la flecha que se muestra al reflejar.

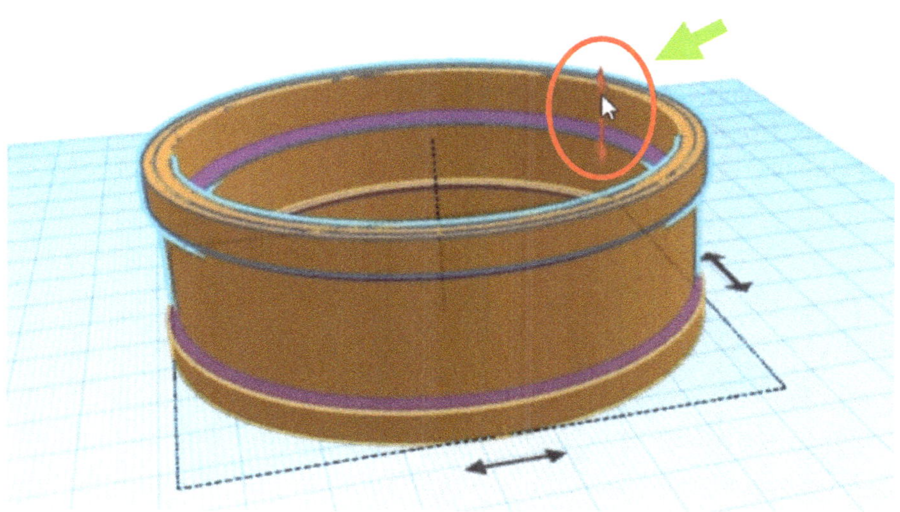

Después, podemos cambiar el color del objeto creado hasta ahora, como se muestra. Y como a mí también me ocurren errores, reduzco las dimensiones básicas del cuerpo central tubular (blanco) en 1 mm hasta los 78 mm realmente necesarios.

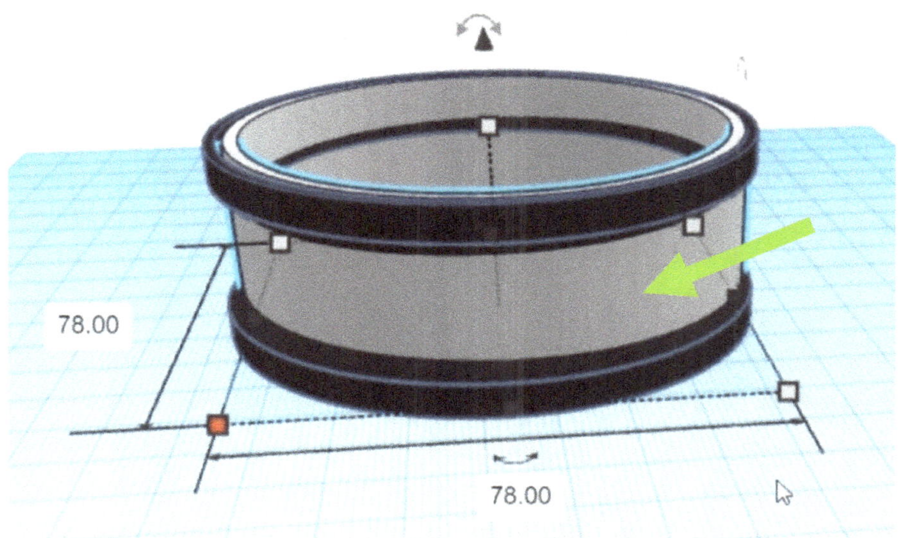

Después, es posible que tengas que volver a centrar los objetos y, de momento, puedes desplazarlos hacia un lado o hacia atrás.

5.2 La parte interior de la llanta y el montaje

Para la parte interior de la llanta creamos primero los puntales, cuya base es un cuerpo en forma de cubo. Éste debe medir 32 mm de largo, 14 mm de ancho y 15 mm de alto.

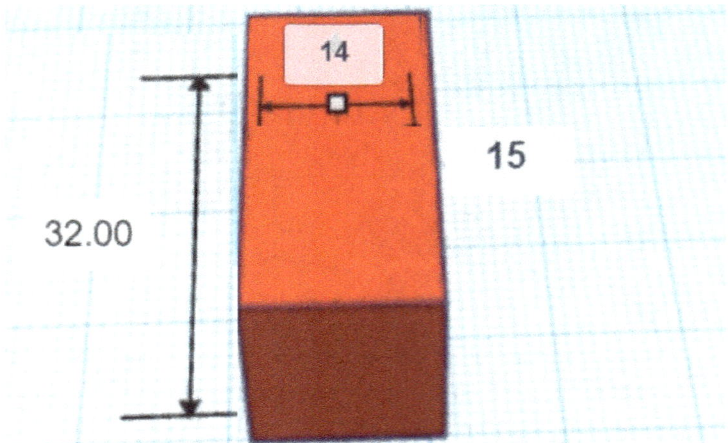

A continuación, recortamos dos partes de los lados de este cuerpo para cambiar la forma. Lo hacemos con un cuerpo en forma de cubo con el ajuste "Agujero", que primero arrastramos hasta 60 mm de longitud y luego giramos -6 grados.

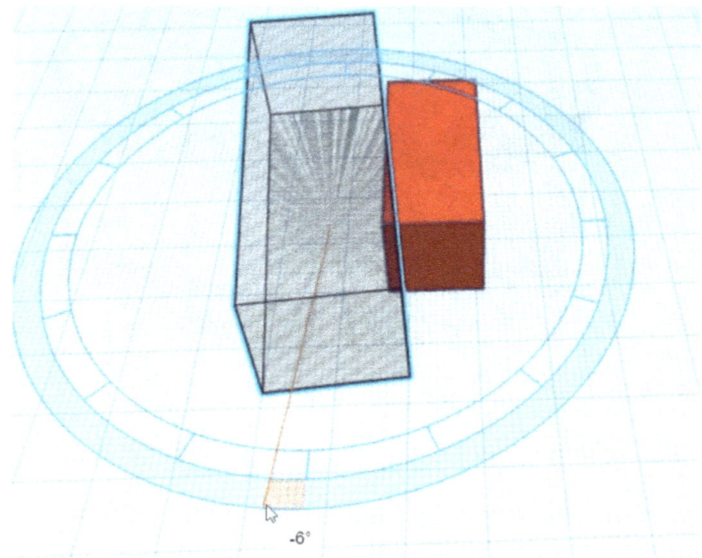

A continuación, duplicamos y reflejamos el cuerpo para poder cambiar también la forma del lado opuesto. La disposición de los dos cuerpos debe ser entonces aproximadamente como se muestra. Esto se hace con ayuda del comando "Align" y seleccionando los dos puntos de alineación centrales.

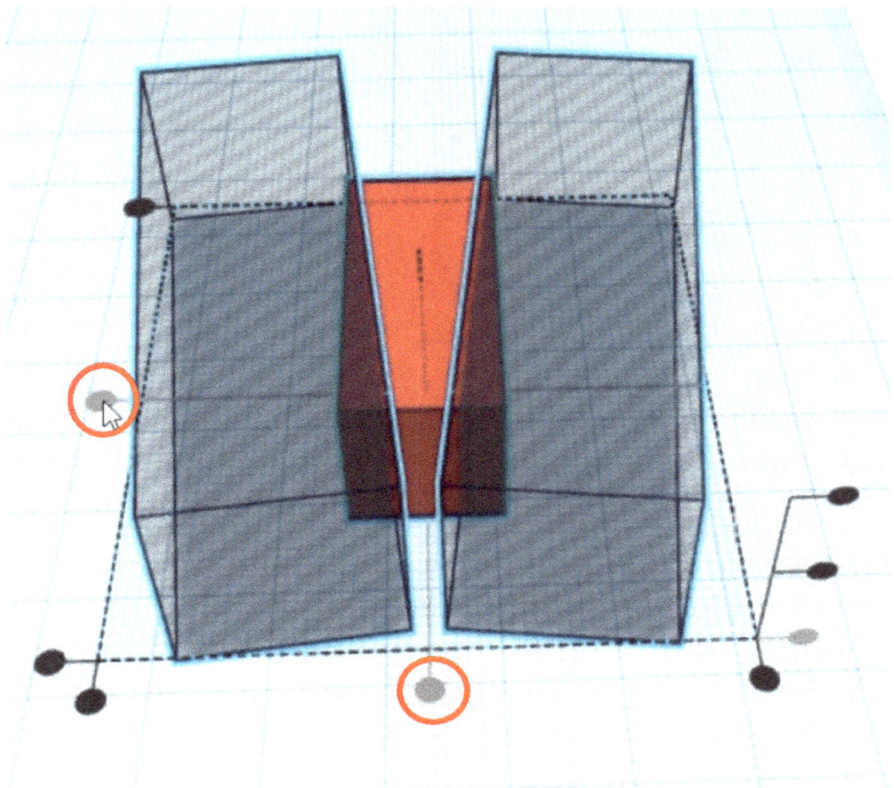

Como la distancia entre los cuerpos transparentes no es evidente en esta disposición y, por tanto, puede resultar un poco difícil de recrear para algunos, aquí tienes un enlace con el puntal acabado:

https://tinyurl.com/bde7ppea

Si no has conseguido ordenar bien los puntales, puedes volver a comprobarlo dividiendo el puntal con "Ungroup", o simplemente copiando todo el objeto con "CTRL+C" y pegándolo en tu proyecto con "CTRL+V".

Tras la agrupación, el puntal tendrá el siguiente aspecto.

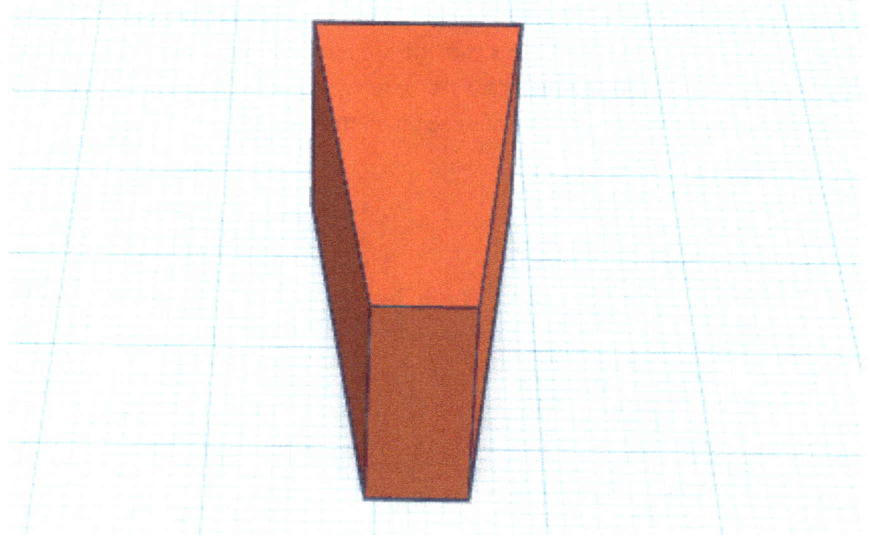

Ahora necesitamos un gran número de puntales de este tipo, que dispondremos en círculo alrededor de un objeto tubular. Por tanto, en el siguiente paso colocamos el cuerpo tubular "Tube" en nuestro plano de trabajo. Además, necesitamos un cubo (configuración: "Agujero"), que utilizaremos como marcador de posición entre dos puntales opuestos. Acortamos la longitud del cubo a 14 mm, las demás dimensiones las dejamos en los valores preestablecidos.

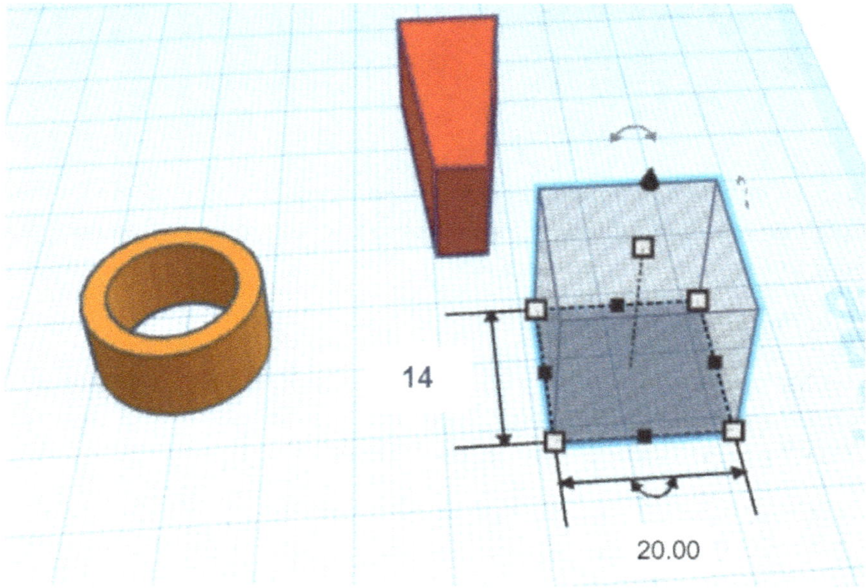

El segundo puntal opuesto, que he mencionado antes, se obtiene fácilmente duplicando y reflejando. La disposición posterior se hace con el comando "Workplane Tool" y pulsando la tecla "D". Por supuesto, también puedes centrar la estructura con el comando "Align".

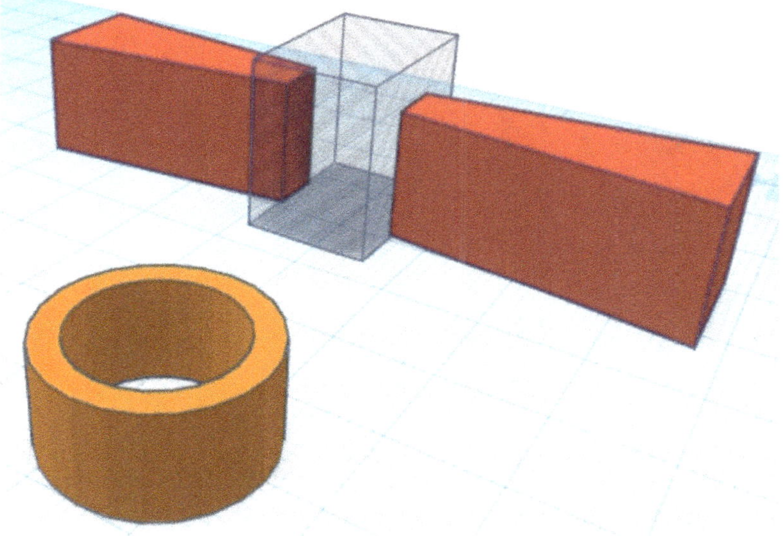

Luego podemos eliminar el cuerpo en forma de cubo, que sólo servía de marcador de posición. Ahora hacemos algunos cambios en el cuerpo tubular. Cambiamos la altura a 7,5 mm, el grosor de la pared a 5 mm y el valor de "Sides" a 64.

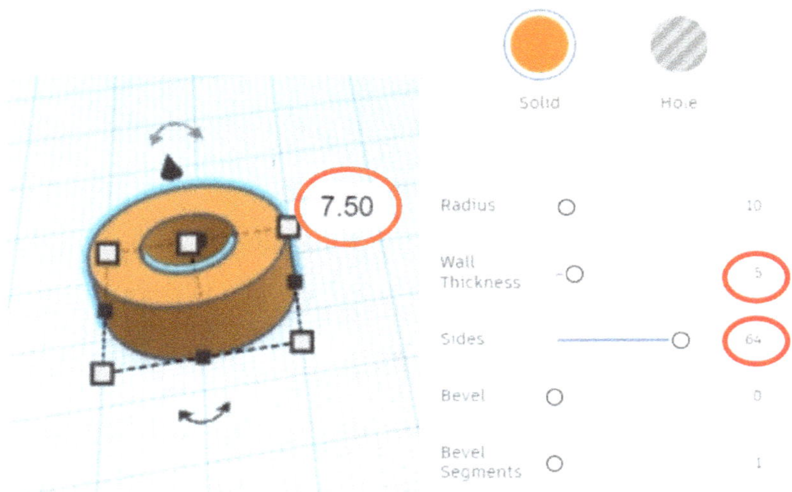

Luego agrupamos los dos puntales rojos, los duplicamos y giramos el duplicado 60 grados en sentido contrario a las agujas del reloj.

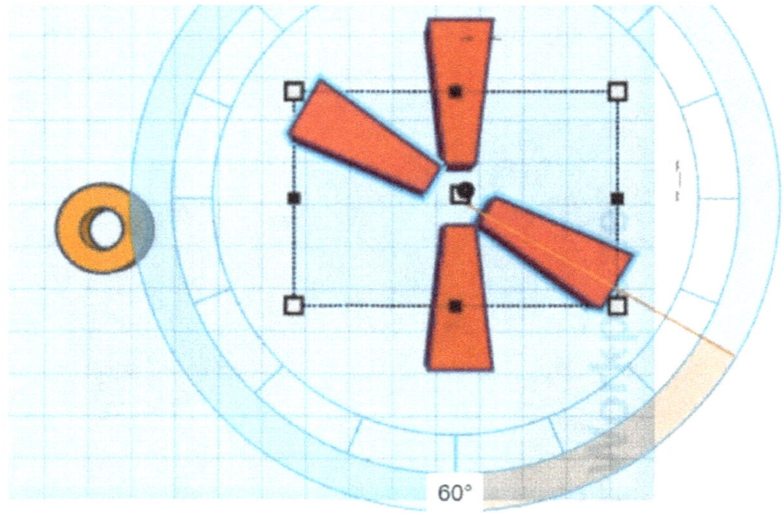

A continuación, volvemos a duplicar los puntales rotados. Éstos también se colocan con una rotación de 60 grados, de modo que se crea la siguiente construcción en forma de estrella, que también agrupamos ("CTRL+G").

A continuación, duplicamos el objeto tubular y colocamos el duplicado en la zona central ① de la construcción en forma de estrella. Esto puede hacerse con el comando corto "L" y seleccionando los puntos de alineación centrales ②-④.

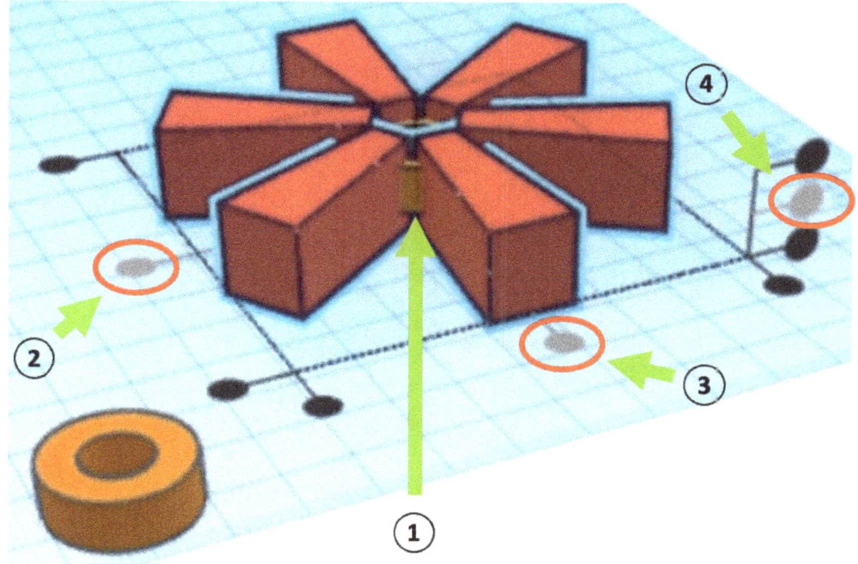

Para afinar más la geometría necesitamos un paraboloide, cuya longitud y anchura cambiamos a 60 mm cada una y cuya altura cambiamos a 12 mm. Queremos crear un recorte con este cuerpo, así que cambiamos los ajustes de "Solid" a "Hole".

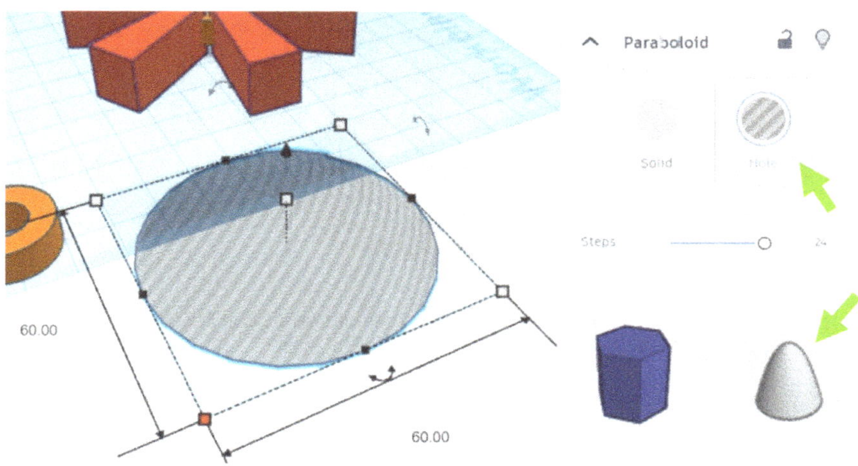

A continuación, reflejamos el cuerpo con el comando corto "M" para que la curvatura convexa apunte hacia abajo.

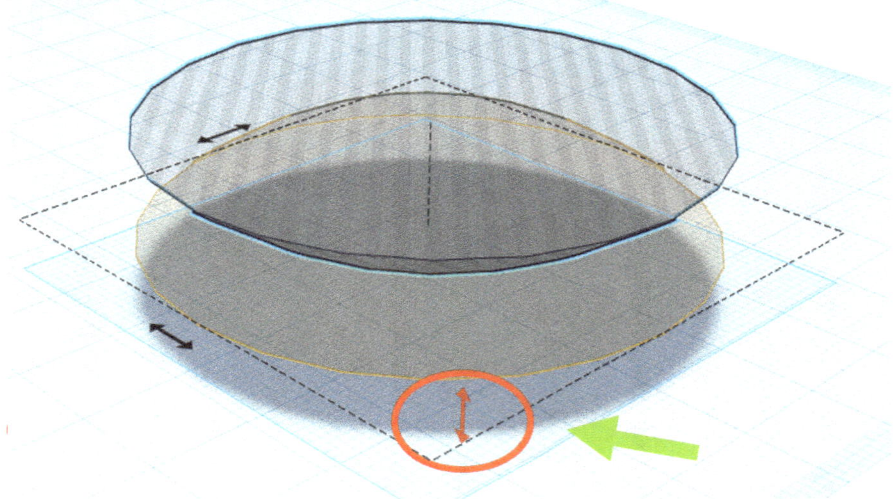

Además, centramos el objeto dentro de la construcción en forma de estrella y lo movemos hacia arriba hasta que la distancia al suelo sea de 6 mm.

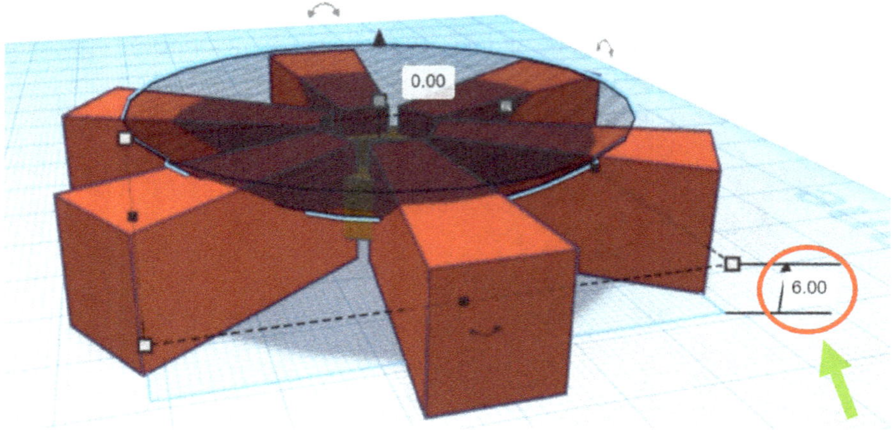

A continuación, agrupamos los objetos para que se realice el recorte.

En el siguiente paso, duplicamos ("CTRL+D") el objeto agrupado ① y movemos el duplicado ② ligeramente hacia arriba. Reflejamos el objeto original en la zona inferior con el comando corto "L" y la flecha de alineación ③ como se muestra. Los dos objetos deben quedar alineados exactamente uno frente al otro.

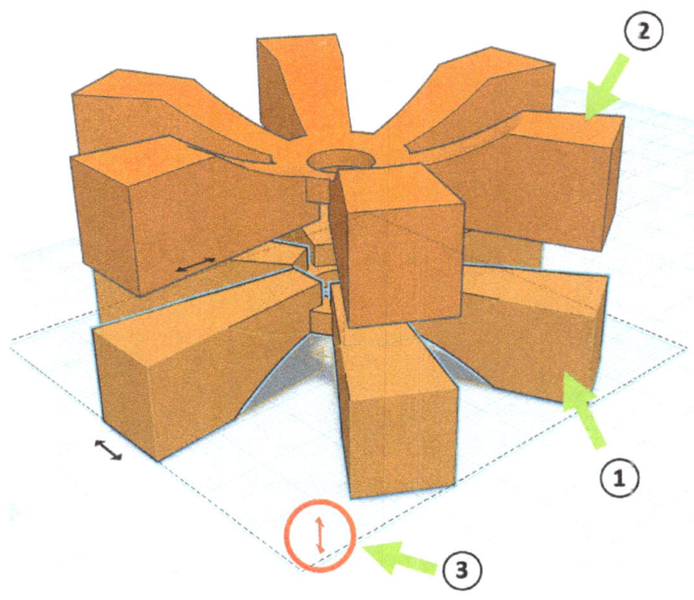

Después utilizamos el comando "Workplane Tool" para colocar los dos objetos uno encima del otro y el comando "Group" para unir los dos objetos.

De un paso anterior seguimos teniendo un objeto tubular ① que utilizamos en este paso. Cambiamos su altura a 17 mm y luego lo centramos en el centro ② de nuestro objeto utilizando el comando "Align" y los puntos de alineación mostrados.

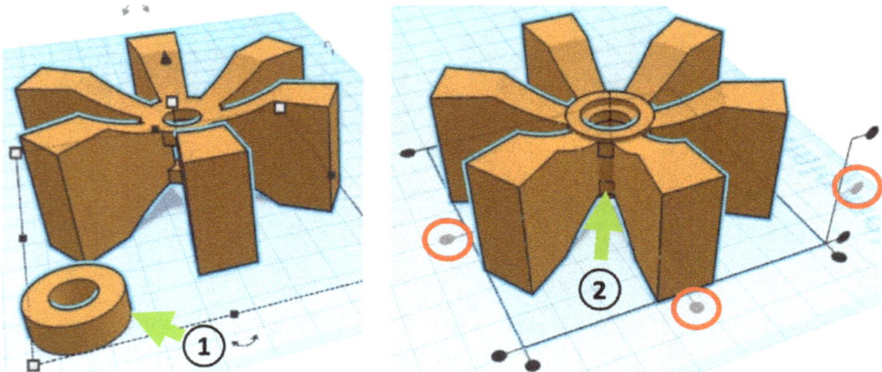

Ahora la parte interior de la llanta también está acabada. En el último paso agrupamos tanto la parte exterior como la interior y luego las movemos una dentro de la otra. Con ayuda del comando "Align" centramos los dos objetos pieza agrupados.

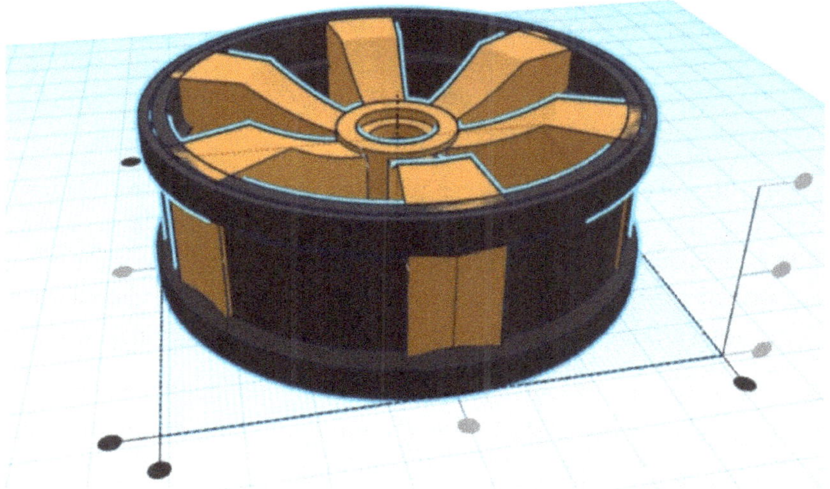

A continuación, cambiamos el color y reducimos la parte interior a 28,75 mm tirando del punto marcado para que los puntales ya no perforen la parte exterior de la llanta.

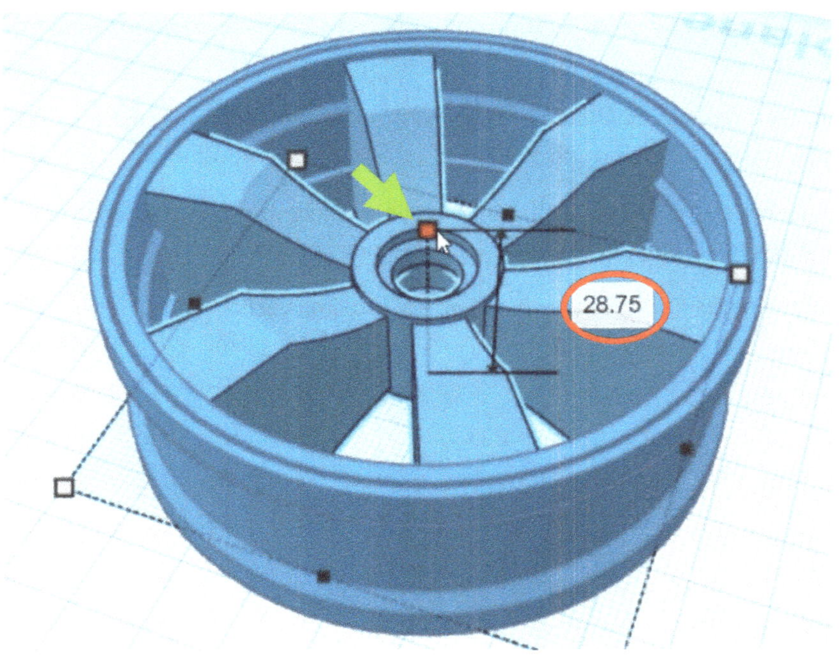

Palabras finales

¡Bravo! Has llegado hasta el final del curso, ¡eso es realmente impresionante! Había algunos pasos complejos que dominar en este curso.

El objetivo de este libro era mejorar tus habilidades de CAD con "Tinkercad" creando impresionantes modelos 3D paso a paso. Espero que juntos hayamos logrado este objetivo y que te hayas beneficiado de este libro. Hemos creado un total de cuatro diseños notables y, con ello, hemos reforzado la aplicación de funciones ya conocidas. Así que tienes motivos para estar orgulloso de ti mismo si has llegado hasta aquí. ¡Enhorabuena!

Está por ver si habrá una secuela de esta segunda parte con proyectos CAD aún más creativos, y también depende de las reseñas de este libro. Así que no dudes en dejar una reseña si te ha gustado el libro y te gustaría ver otra secuela. Por favor, no pierdas de vista mi página de autor en "Amazon" para estar al día.

No dudes en consultar mis otros libros sobre otros temas como la impresión 3D, otros programas CAD más avanzados como "Fusion 360" o "FreeCAD" o también sobre electrónica y programación con "Tinkercad" y hazte con un ejemplar si te interesa.

Si quieres aprender más sobre "Tinkercad", te recomiendo que empieces con mi libro "Proyectos Arduino con Tinkercad", si aún no lo has probado.

Sólo tienes que echar un vistazo a las páginas siguientes, donde encontrarás una visión general ordenada temáticamente de todos mis libros.

Muchas gracias de nuevo y ¡espero verte la próxima vez!

Libros sobre temas que también podrían gustarle

Todos los libros están disponibles en línea en las plataformas de venta habituales. Sólo tiene que buscar el título o visitar mi página de autor. Es posible que algunos de los libros aún no se hayan publicado y estén disponibles en breve. Eche un vistazo a los libros de su elección y lléveselos a casa como libros electrónicos o de bolsillo.

Impresión en 3D:

CAD, FEM, CAM (creación de objetos 3D, diseño, simulación):

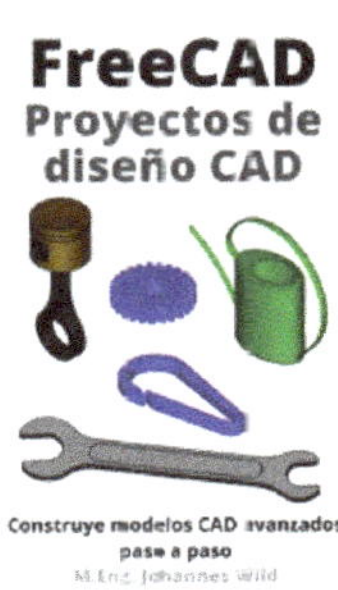

Ingeniería eléctrica:

Programación y otros programas:

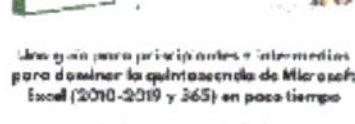

PROYECTOS CAD
CON TINKERCAD
MODELOS 3D PARTE 1
Aprende a crear objetos 3D avanzados con Tinkercad de forma divertida
M.Eng. Johannes Wild

Información sobre el autor / editor

Johannes Wild
c/o RA Matutis
Berliner Straße 57
14467 Potsdam
Germany

E-Mail: 3dtech@gmx.de

Esta obra está protegida por los derechos de autor

www.ingramcontent.com/pod-product-compliance
Lightning Source LLC
LaVergne TN
LVHW010421230826
846092LV00003BA/993

* 9 7 8 3 9 8 7 4 2 1 2 8 0 *